“十三五”国家重点图书、音像、电子出版物出版规划项目；
2017年度国家出版基金资助项目；
广州市人文社会科学重点研究基地“广州与中外文化交流研究中心”项目；
中山大学西学东渐文献馆项目。

心灵学

〔美〕海文／著
〔清〕颜永京／译
赵璐／校注

南方日报出版社
NANFANG DAILY PRESS
中国·广州

晚清西学丛书

主编：周伟驰　姚达兑

图书在版编目（CIP）数据

心灵学 /（美）海文著 ;（清）颜永京译 ;赵璐校注. -- 广州 : 南方日报出版社,2018.6
（晚清西学丛书 / 周伟驰，姚达兑主编）
ISBN 978-7-5491-1827-4

Ⅰ.①心… Ⅱ.①海… ②颜… ③赵… Ⅲ.①心灵学—研究 Ⅳ.①B846

中国版本图书馆CIP数据核字(2018)第128469号

XINLINGXUE
心灵学

著　　者：(美)海文
译　　者：(清)颜永京
校　　注：赵　璐
出版发行：南方日报出版社
地　　址：广州市广州大道中289号
出 版 人：周洪威
出版统筹：谭庭浩
策划编辑：黎　衡
责任编辑：李　沁
装帧设计：邓晓童
责任校对：阮昌汉
责任技编：王　兰
经　　销：全国新华书店
印　　刷：广州市岭美彩印有限公司
开　　本：889mm×1194mm　1/32
印　　张：7.25
字　　数：120千字
版　　次：2018年6月第1版
印　　次：2018年6月第1次印刷
定　　价：42.00元

投稿热线：（020）87373998-0503　读者热线：（020）87373998-0502

网址：http://www.nanfangdaily.com.cn/press　http://www.southcn.com/ebook

少数几人[1]。他们译介的西方知识对洋务派、维新派、革命派，如李鸿章、张之洞、康有为、梁启超、谭嗣同等人都有影响，西方知识传播者的影响力在维新变法中达到顶峰。

甲午战争的战败意味着洋务运动的失败。向西方学习几乎成了朝野上下的共识，日本因为“同文同种”、路近学费低、现代化成绩较好而获得了梁启超、张之洞等人的青睐，他们认为留学日本学习西学是一个捷径。在他们的提倡下，清政府自1896年开始向日本派出留学生，人数逐年增多[2]。在废除科举的1905年和次年，留日人数达到顶峰，分别是8000人和1.2万人。1898年维新变法失败后逃亡日本的梁启超[3]，加上留日学生，使得从日文“转译西学”大为兴盛，翻译数量快速地超过了“译述时期”[4]，我们可将这一时期（1898—1911年）称为“转译时期”。这不是说在此阶段已没有“译述”和单独直译，广学会、

[1]有些学者认为，晚清条约口岸围绕着当时传教士和清政府的翻译活动，出现了一批了解西学、倾向西学的中国知识分子，参考段怀清：《传教士与晚清口岸文人》，广州：广东人民出版社2007年版；王立群：《中国早期口岸知识分子形成的文化特征：王韬研究》，北京：北京大学出版社2009年版。

[2]黄福庆：《清末留日学生》，台北：“中央研究院”近代史研究所1975年版，第2—3页。

[3]梁启超在去日本之前的西学知识主要来源于译述，流亡日本后他凭借自创的“和文汉读法”，能够阅读日文著作。关于梁启超与明治思想界的关系，可参考狭间直树编：《梁启超·明治日本·西方》，北京：社会科学文献出版社2012年版；狭间直树主讲：《东亚近代文明史上的梁启超》，上海：上海人民出版社2016年版；郑匡民：《梁启超启蒙思想的东学背景》，上海：上海书店出版社2009年版。与梁启超相关的近代中日之间西学概念的翻译与传播，可参考狭间直树、石川祯浩主编，袁广泉等译：《近代东亚翻译概念的发生与传播》，北京：社会科学文献出版社2015年版；石川祯浩：《中国近代历史的表与里》，北京：北京大学出版社2015年版。

[4]实藤惠秀：《中国人留学日本史》，北京：北京大学出版社2012年版，第167—207页。

严复、林纾亦仍在翻译，而只是说，在规模和影响上，这一阶段是以从日文“转译”过来的西学为主。民国后才进入对于西学大规模的“独立直译”阶段。

这一时期译介西学的机构有商务印书馆、译书汇编社、南洋公学译书院、广智书局、作新社、文明书局、会文学社（会文堂书局）、金粟斋译书处、教育世界出版社、新学会社、中国医学会等，翻译的内容侧重于社会科学和史地书籍，而应用科学与自然科学比重减少。译介者大多是留日者，如樊炳清、蔡元培、王国维、范迪吉等。

在“转译时期”，明治时期由日本学者创制的对译西方名词的“和制汉词”大量进入中文，有很多取代了“译述时期”的译法，成为今天我们仍然在应用的主流译词。这可能是自佛教词汇之后最大规模的“外来词”群体。像“哲学”“社会”“文学”“经济”“政治”“宗教”“自由”这类人文社科名词，都是来自和制汉词。这些词的总量在1000个左右[1]，实际数量可能远不止此。由于“转译”在广度和深度上远超此前的“译述”，和制汉词逐渐占据主流，替代了“译述时期”的许多译法，而使汉语基本词汇实现了“急速现代化”[2]。不过，明治和制汉词本身对于日本来说只是一个历史阶段现象。随着日本减少汉字学习，以及用“和制英语”的人越来越多，汉词

[1]周圣来：《美意识的种子：和制汉词对中国现代文学的影响》，香港：香港练习文化实验室有限公司2016年版，第89—93页；和制汉词总表参见第335—341页。

[2]朗宓榭等著：《新词语新概念：西学译介与晚清汉语词汇之变迁》，济南：山东画报出版社2012年版，引言。

及和语逐渐不用或少用[1]，汉字在日本的使用本身呈萎缩状态。但是，明治和制汉词在中文世界中反而站稳脚根。可以说，今天中文世界的翻译已难以离开和制汉词。虽然里面问题很多，但是约定俗成，即使要改良也只能逐步地进行了。

由“译述”逐渐向“转译”发展，这在书目汇编的变化中体现出来了。晚清新书的编目，除了出版者（如广学会）的年报外，比较集中的有：傅兰雅《译书事略》（江南制造局翻译西书事略），《格致汇编》1880年5—8月连载。孙维新《泰西格致之学与近刻翻译诸书详略得失何者为最要论》，本为上海格致书院作业，对140本西书做出比较评价，后刻印出来。梁启超《西学书目表》[2]，《时务报》报馆1896年版，录通商后西书名352种，附表录通商前西书名86种、近译未印书目88种。沈桐生《东西学书录提要总叙》，读有用书斋1897年出版。黄庆澄编《中西普通书目表》，上海算学报馆1898年刻，里面西学部分多取自梁启超《西学书目表》。徐维则编《东西学书录》，1899年出版。这些书目所录的绝大多数是“译述”著作。沈桐生《东西学书录》后来得到顾燮光帮助，顾燮光补充了从日文译为中文的西书，二人合编《增版东西学书录》，1902年出版。赵惟熙编《西学书目答问》，1901年出版。而上海通雅书局在1903年、1904年出版的《新学

[1]周圣来：《美意识的种子：和制汉词对中国现代文学的影响》，香港：香港练习文化实验室有限公司2016年版，第71—73页。

[2]《西学书目表》，1896年质学会重校本。该本前言《西学书目表序例》，亦载《时务报》（第八册），见《时务报》报馆编：《强学报时务报》（第一卷），北京：中华书局1991年版，第488—494页。

书目提要》，编者可能是一群留日学生。顾燮光《译书经眼录》，杭州金佳石好楼1934年印。这些书目中，最齐全的可以说是《增版东西学书录》和《译书经眼录》[1]。从这两本书可以看出，1900年后从日文转译的西学著作已成为当时翻译书的主流，在社会科学著作中占有绝对地位。据不完全统计，1896—1911年，中国翻译的日文书至少有1014种。这个数字远远超过此前半个世纪以来中国翻译西文书数量的总和，也大大超过同时期中国翻译西文书的数量[2]。而其中社会科学著作达366部，法律图书98部，政治图书96部[3]。

上面所说的西学著作多指图书，但是晚清介绍西学的还有一些中文报刊，不少著作都是先在报刊上登出再出单行本的。近代报刊的一般情况，可以参考戈公振《中国报学史》[4]的第三章"外报创始时期"以及美国白瑞华《中国近代报刊史》等[5]。关于这些报刊的详细目录，可以参考《中国近代期刊篇目汇录》[6]。

[1]这两个目录被收入熊月之：《晚清新学书目提要》，上海书店出版社2014年版，前言。该书索引亦很有价值。

[2]熊月之：《西学东渐与晚清社会》，北京：中国人民大学出版社2011年版，第509页。

[3]谭汝谦主编：《中国译日本书综合目录》，香港：香港中文大学出版社1981年版。转自滕超：《权力博弈中的晚清法律翻译》，北京：中国社会科学出版社2014年版，第335页。

[4]戈公振：《中国报学史》，上海：上海书店出版社2013年版。

[5]白瑞华：《中国近代报刊史》，北京：中央编译出版社2013年版；赵晓兰、吴潮：《传教士中文报刊史》，上海：复旦大学出版社2011年版。传教士中文报刊对维新派报刊有影响，可参考徐松荣著：《维新派与近代报刊》，太原：山西古籍出版社1998年版。

[6]上海图书馆编：《中国近代期刊篇目汇录》（一），上海：上海人民出版社1965年版。该书于1980年重印。

《西学书目表》《增版东西学书录》和《译书经眼录》，都侧重于科技类与社会科学类译著，许多书被遗漏，比如新教人士的著作。早期新教来华传教士所译撰的著作，可以参考伟烈亚力1967年出版的《基督新教传教士在华名录》[1]；1860年后的新教译撰著作散落各处，近已有人系统整理，如黎子鹏的《中国基督教文字事业编年史：1860—1911》[2]。

二、译述时期的主要译撰者及其观念

从1807年马礼逊来华并准备翻译《圣经》到1911年清王朝覆灭，晚清可以说是经历了一个“百年翻译”运动。如果说最后15年（1896—1911年）是“转译”由无到有到兴盛的过程，那么，在此之前的近90年（1807—1895年）则是“译述时期”。虽然有不少翻译机构，但如果看最活跃的翻译者，我们会惊讶地发现，他们大多是新教传教

---

[1]Alexander Wylie, *Memorials of Protestant Missionaries giving a List of Their Publications, and Obituary Notices of the Deceased.* With copious Indexes. Taipei: Ch’Eng-wen Publishing Company, 1967.伟烈亚力著，赵康英译：《基督教新教传教士在华名录》，天津：天津人民出版社2013年版。

[2]黎子鹏编著：《中国基督教文字事业编年史：1860—1911》，香港：基督教文艺出版社有限公司2015年版。

士[1]。译得最多也最有名的，几乎全是传教士[2]，如伟烈亚力[3]、傅兰雅[4]、林乐知[5]、丁韪良[6]、李提摩太[7]、金楷理等人，因为当时愿意来华且愿意从事文化传播的西方人士只有传教士。西方本土的知识分子没有机会、动力和经费来华，中国人也没有主动去请他们。这种局面要等到“五

[1]有的学者将传教士翻译分为三个阶段：1815—1842年，从南洋创办《察世俗每月统记传》至上海墨海书馆建立；1843—1887年，从上海墨海书馆建立至上海广学会成立；1888—1898年，广学会成立至维新变法失败。并列出了各时期的主要非宗教类著作。参考何绍斌：《越界与想象：晚清新教传教士译介史论》，上海：上海三联书店2008年版，第44—45页及第一章。这种分期法过分以上海为中心，而且太细。其实，无论宗教还是非宗教类书籍，晚清译述是多中心的，上海当然最活跃，但北京、广州、宁波、武汉等地也从未中断过。

[2]改革开放后，对作为中国近代史上重要一环的传教士展开了大规模的翻译和研究。翻译中较为重要的系列是周振鹤教授主编并由广西师范大学出版社出版的“来华基督教传教士传记”丛书，黄兴涛、杨念群主编并由中华书局出版的“西方的中国形象”丛书。此外，亦有不少零散出版的传教士传记。

[3]汪晓勤：《伟烈亚力：中西科学交流的功臣》，北京：科学出版社2000年版。

[4]王扬宗：《傅兰雅与近代中国的科学启蒙》，北京：科学出版社2000年版。傅兰雅在加州大学的全部英文档案已收入戴吉礼编：《傅兰雅档案》，桂林：广西师范大学出版社2010年版。

[5]贝奈特：《传教士新闻工作者在中国：林乐知和他的杂志（1860—1883）》，桂林：广西师范大学出版社2014年版；梁元生：《林乐知在华事业与〈万国公报〉》，香港：香港中文大学出版社1978年版；卢明玉：《译与异：林乐知译述与西学传播》，北京：首都经济贸易大学出版社2010年版。单篇论文当然更多，如查时杰：《林乐知的生平与志事》，载林治平主编：《基督教入华百七十年》，台北：台北宇宙光出版社1977年版。

[6]丁韪良：《汉学菁华》，北京：世界图书出版公司2010年版；丁韪良：《中国觉醒》，北京：世界图书出版公司2010年版。目前关于丁韪良最好的研究著作，可参考王文兵：《丁韪良与中国》，北京：外语教学与研究出版社2008年版。

[7]李提摩太：《亲历晚清四十五年——李提摩太在华回忆录》，天津：天津人民出版社2005年版。他人撰写的李提摩太传记，立场差异较大，主要有丁则良：《李提摩太》，上海：开明书店1951年版；苏慧廉著，山西大学外语学院《李提摩太传》翻译组译：《李提摩太传》，香港：香港世华天地出版社2002年版；苏慧廉著，关志远等译：《李提摩太在中国》，桂林：广西师范大学出版社2007年版（按：后两书实为同一书，译者不同而已）。

四”前后杜威、罗素受邀来华方有改变。传教士撰译宗教书籍是其来华的本行和义务，而译介科技、史地、人文社科著作，要么是因为受雇于清政府，要么是被“文化传教”“社会福音”的淑世情怀驱动[1]。如广学会的几位传教士，他们避开了直接传教的做法，也避免只译介实用性的技术，而是通过《万国公报》[2]等报刊和著书立说，对西方文明进行比较全面的介绍，这跟他们背后的一些基本信念有关。

19世纪来华的新教传教士，跟当时的西方人一样，都自觉不自觉地持有西方中心论，认为西方文明要优越于其他文明，西方的政治制度（民主、自由等）要优越于东方。对于他们来说，优越的根本原因是新教优越于别的宗教。这种观点可以称为“新教文明等级观”[3]，主要包括几个信念：从事实来看，西方文明无论在政治、经济、商贸、军事、科技方面都超出非西方文明，非西方文明逐步屈从于西方即真实的证据；追溯西方文明强大的根源，

---

[1]近代传教士创办的中文报刊情况，可参考赵晓兰、吴潮：《传教士中文报刊史》，上海：复旦大学出版社2011年版。由于传教士是中文报纸的先驱，因此，在晚清早期，其办报史跟中国近代报刊史基本是重叠的。大陆较早系统地研究传教士与晚清现代化关系的，可参考王立新：《美国传教士与晚清中国现代化》，天津：天津人民出版社1997年版。该书于2008年出版第二版。

[2]关于《万国公报》，早期有台湾王树槐和香港梁元生的研究，大陆较系统的研究有王林：《西学与变法：〈万国公报〉研究》，济南：齐鲁书社2004年版（该书根据作者1996年博士论文改编）；杨代春：《〈万国公报〉与晚清中西文化交流》，长沙：湖南人民出版社2002年版。

[3]周伟驰：《晚清新教传教士的文明等级观》，《文景》，2012年第9期。亦见周伟驰：《太平天国与启示录》，北京：中国社学科学出版社2013年版，第276—308页。近来，一些学者对19世纪西方的一般文明等级观及其对中国的影响进行了研究，可参考刘禾主编：《世界秩序与文明等级》，北京：生活·读书·新知三联书店2016年版。

在于基督教，它使西方人有道德，有博爱精神，重团结，乐群，有求知精神，追求知识，在教育、慈善等方面都具有宗教精神；当时的国家富强等级是新教国家（英美德）强过天主教国家（法意西），基督教国家强过中国、印度、日本、土耳其等“半文半野”国家，更强过非洲、南太平洋野蛮人国家，这表明新教要优于天主教，基督教要优于异教；像日本这样的国家之所以进步，是因为吸收了西方“教化”（文明）的长处，当然，它现在还没有学到“教道”（新教）。而拒绝学习西方的国家（如中国和土耳其），则往往面临险境。国家想强盛，就要像日本那样学习西方“教化”与“教道”。与启蒙主义思想家从“自由、平等、博爱”及“科学、民主、道德”等世俗价值观来看文明等级不同，传教士是从宗教的角度来看文明的本质和等级的。广学会的几个主要撰稿人如林乐知、李提摩太、韦廉臣、花之安[1]、艾约瑟、慕维廉、沈毓桂[2]都坚持这个观念。从某个角度上看，他们是马克斯·韦伯之前的“马克斯·韦伯”。

新教文明论的论述，在韦廉臣、花之安、李提摩太等人那里都有具体的论述，但在林乐知、沈毓桂的“三伦说”里得到了集中的表达。它认为，人上要面对上帝，下

[1]对花之安的研究，可参考张硕：《汉学家花之安思想研究》，北京：知识产权出版社2014年版。

[2]易惠莉：《西学东渐与中国传统知识分子：沈毓桂个案研究》，长春：吉林人民出版社1993年版。较早的对传教士个体的介绍可参考顾长声：《从马礼逊到司徒雷登：来华新教传教士评传》，上海：上海书店出版社2005年版。至于艾约瑟、慕维廉、韦廉臣，尚未看到相关的研究专著。在对待基督教与中国文化的高低评估上，传教士虽然总体上扬耶抑儒，但个体存在着程度上的差异，如李提摩太和李佳白较为和缓，林乐知则较为严峻。

要处理万物，中间要对待同类，因此而有神伦、物伦和人伦。只有崇拜真神，才能正确地对待他人，以平等、自由、民主处之，才能正确地对待万物，发展科技，利用厚生。如果说神伦是强调基督教排他一神论，物伦则是要引入西方科技观念，以破除中国人的泛灵论和风水迷信之类阻碍现代化的观念（如风水严重阻碍了修铁路和开矿），那么人伦跟中国传统的人伦有什么不一样呢？在《教会新报》阶段，林乐知尚侧重耶儒在仁义礼智、忠孝节义、戒律上的一致，但随着甲午战争严重暴露中国文化的负面因素，林乐知开始强调新教人伦异于且优越于儒教之处，以美国式的自由、民主、平等来反衬儒教的专制、束缚、愚昧，较为系统地揭露并批判了儒教的负面影响。正如在印度的传教士对印度文化的批判促进了印度知识分子的启蒙主义一样，传教士与中国基督徒对中国文化风俗陋习的系统批判（从男尊女卑、缠足到专制），启发了从康有为、梁启超到新文化运动的文化反思与启蒙主义。

今天，如果我们系统地阅读《教会新报》和《万国公报》上中外作者的文章，就会发现，对中国传统宗教的批判，对皇权、族权、夫权、神权的批判，对国民性的批判上，以及提倡白话文、汉字拼音化，在晚清已经全面展开，只不过用词没有那么激烈。他们的这种反思与批判，可以称为近代第一波启蒙主义运动。如果说陈独秀、鲁迅、胡适等人是以现代西方科学民主思想来批判中国传统文化，那么这第一波启蒙主义运动就是以现代新教思想[1]来批判中国传统文化。

西学对晚清各方面，尤其对政治和思想方面，一直持续发挥着影响。从林则徐、魏源、徐继畬到洪仁玕和冯桂芬这样的新式思想家，一步步地向前深化，直到在戊戌运动中达到高潮。康有为、梁启超、谭嗣同[2]等人受李提摩太、林乐知的影响是十分显著的[3]，他们的许多改革建议、新知识和新思想，直接来源于广学会、江南制造局翻译馆的著作[4]。经过义和团运动的反西方文明后，清朝痛定思痛，决定实行君主立宪，不仅西学在“转译”中迎来新一波高潮，连民教关系也在双方的反思和克制下开始缓和，基督教迎来一个平稳增长期。西学不仅对经世派、改良派、洋务派、维新派有影响，对一早一晚以洪秀全和孙中山为代表的反清人士亦有影响。太平天国与基督教的

[1]现代新教思想是在基督教的视野下容纳科学与民主，它跟苏格兰启蒙、英美温和的改良传统有关，它并不认为基督教与科学、民主是矛盾的。这种兼容论的思想视野，在民国初期的赵紫宸那里都还存在。而新文化运动的主导方向则是排除了信仰的科学与民主，近似于法俄无神论与世俗化传统。

[2]张灏：《烈士精神与批判意识：谭嗣同思想的分析》，北京：中央编译出版社2016年版，第45—51页。朱维铮先生在谈到西学对谭嗣同的影响时说：“谭嗣同非但同意彻底西化，甚至像王韬一样，以为西方列强侵略中国是好事，可以加速中国的革新。”参考李天纲编校：《万国公报文选》，上海：中西书局2012年版，第24页。

[3]王树槐：《外人与戊戌变法》，上海：上海书店出版社1998年版（原书于1965年在台湾出版）；梁元生：《林乐知在华事业与〈万国公报〉》，香港：香港中文大学出版社1978年版；房德邻：《〈万国公报〉与戊戌变法》，《北京师范大学学报》，1986年第6期。

[4]强学会办的《万国公报》（与上海《万国公报》同名）和《中外纪闻》，许多内容即直接转自传教士所办刊物。关于维新派所办报刊的一般情况，可参考徐松荣：《维新派与近代报刊》，太原：山西古籍出版社1998年版。

关系甚深，尤其深受《圣经》《劝世良言》的影响[1]。孙中山早年自命“洪秀全第二”，1894年他曾在《万国公报》上发表《上李傅相书》[2]，改良不成后，决定采取革命方式再造中华，其早期追随者与起义人员中多为基督教徒[3]。这是因为他们受到西方现代思想的影响，具有了新的世界观和价值观，不能再忍受清朝的腐败统治。在晚清，香港、广东、上海等沿海地区和海外，中国基督教徒已呈现网络状分布，通过与西方基督教世界的连接，他们中间正酝酿着一些新的思想和人群、改造社会和国家的力量，也酝酿着新世界各行业的领袖[4]。

梁启超在关于明清学术思想史的著作[5]中，对西学的影响和意义做了高度评价。但是，后来者在撰写中国近代史时，由于种种原因，对于晚清西方人士如何译介西学，将新的思想和观念传递给中国知识分子（口岸文人），并通过他们的笔影响到中国思想界，进而影响到中国历史，整体上的研究尚不足。比如，桑兵主编的近800页的巨著

[1]可参考周伟驰：《太平天国与启示录》，北京：中国社会科学出版社2013年版。

[2]李天纲编校：《万国公报文选》，上海：中西书局2012年版，第269—279页。

[3]梁寿华：《革命先驱：基督徒与晚清中国革命的起源》，香港：香港宣道出版社2007年版；李志刚：《洪秀全与孙中山对耶儒的认识》，载《基督教与中国近代文化》，香港：香港基督教文艺出版社2009年版；李志刚主编：《辛亥革命与香港基督教》，香港：香港基督教文艺出版社2009年版。

[4]罗元旭：《东成西就：七个华人基督教家族与中西交流百年》，北京：生活·读书·新知三联书店2014年版。讲述了上海互有姻亲关系的七大基督教家族的崛起历史。其实，在香港、广东、福建也有不少这样的基督教世家。

[5]梁启超：《论中国学术思想变迁之大势》，上海：上海古籍出版社2001年版，第135—136页；梁启超：《清代学术概论·儒家哲学》，天津：天津古籍出版社2003年版，第85—87页；梁启超：《中国近三百年学术史》，天津：天津古籍出版社2003年版，第30—31页。

《近代中国的知识与制度转型》[1]，就很少谈到晚清译述带来的知识变化，而直接从日本的影响开始。相比之下，《剑桥中国晚清史》[2]，则用了《1900年以前的基督教传教活动及其影响》一章专门讨论这种影响，显得比较平衡。

在资料上，与明清时期西学东渐重要文献逐渐得到系统出版[3]不同，晚清西学文献（包括宗教文献）一直没有得到系统整理出版，相关著作的出版只能比较孤立而零散地进行。比如，在人文社科书籍方面，上海书店出版社2002年“近代文献丛刊”出版过晚清几本产生过重要影响的西学书，如李提摩太译《泰西新史揽要》、花之安编著《自西徂东》、林乐知译《文学兴国策》、丁韪良译《万国公法》、傅兰雅译《佐治刍言》等。上海科学技术文献出版社2012年出版了《江南制造局译书丛编》，将当年江南制造局翻译馆的译著予以出版，除了工程类书籍外，还选了较有思想性的“政史类”书籍，收入《佐治刍言》《列国岁计政要》《西美战史》《俄国新志》《法国新志》《埏纮外乘》《四裔编年表》《各国交涉公法论》《各国交涉便法论》《公法总论》《美国宪法纂释》《欧

[1]桑兵主编：《近代中国的知识与制度转型》，北京：经济科学出版社2013年版。

[2]费正清编，刘广京译：《剑桥中国晚清史》，北京：中国社会科学出版社2006年版。

[3]最近代表为张西平等主编：《梵蒂冈图书馆藏明清中西文化交流史文献丛刊》（第一辑），郑州：大象出版社2014年版。它基本涵盖了以往相关的出版物。另可参考钟鸣旦等编：《法国国家图书馆明清天主教文献》，台北：台北利氏学社2009年版；周岩编校：《明末清初天主教史文献新编》，北京：国家图书馆出版社2013年版。黄兴涛、王国荣编：《明清之际西学文本》，北京：中华书局2013年版。

洲东方交涉记》《英俄印度交涉书》《东方时局论略》等。2014年，上海书店出版社影印出版了全套《万国公报》，在清晰度上超过了当年曾普惠于学界的台版《万国公报》。在宗教类书籍方面，最近几年，上海大学陶飞亚教授对近代基督教（包括新教）文献的总量和馆藏情况做了一个系统摸底，取得了很大成就，可以作为以后出版的一个路线图。在港台，一些新教传教士的著作开始得到搜集、整理和出版，郭士立、丁韪良、米怜、宾为霖、理雅各、杨格非等人的中文著作选集开始出现[1]。

不过，跟晚清西学的总量相比，这只是沧海一粟。仅仅由广学会出版的著作，当年数千卷著作中，今日有机会重出的也是寥寥无几。

我们出版这套“晚清西学”丛书，是希望能搜集、整理出一些具有代表性的晚清西学译撰著作，填空补缺，为还原晚清思想的全貌做一些添砖加瓦的工作。我们希望能促进对晚清西学的研究和重新评估，将之作为明末清初至今完整的“西学东渐”上的重要一环，予以独立的突显。

三、广东在晚清西学东渐中的地位

鸦片战争之前，广州是清朝对外开放的唯一港口，也因此是西学东渐的唯一口岸。以新教传教士为代表的

[1]周联华主持，曾庆豹、吴昶兴主编的“汉语基督教经典文库集成”系列，在香港橄榄出版有限公司出版，已出版的晚清传教士文献有黎子鹏编注：《晚清基督教叙事文学选粹》（2012年）、《赎罪之道传：郭实猎基督教小说集》（2013年）、《天道溯源：丁韪良基督教作品选粹》（2013年）。

具有现代知识的西方人士，都是先到广州[1]，如马礼逊、裨治文、卫三畏等人；鸦片战争后，香港被割让，上海、厦门、福州、宁波开放后，西方人士才逐渐分头奔向这些沿海城市。在很长一个时期内，广州在西学东渐中占有优势，但后来逐渐被上海赶超。关于广州为何被上海赶超[2]，以及何时被上海超过，曾经有过讨论。一个主要的可能原因是，鸦片战争后，按《南京条约》的规定广州应对英国人开放，但广州人抗拒，前前后后拖了十五年[3]，正是在这一时期，一些西方人士开始从广州迁往上海，广州西学人才外流。虽然如此，广州也仍旧是近代文化中一个极其重要的中心点。广东人容易接受新的生活方式和思想观念。反观一下中国近现代史就能知道，从太平天国起，“南风北吹”跟“西学东渐”几乎是同步的。这种态势甚至持续到改革开放的今天。

在近代报刊创办上，广州领先一步。广州原为清朝唯一通商口岸，早期来华西方人士为让西方人了解中国而创办了一些英文期刊，同时又创办了一些中文报刊，一是为了向中国人传教，二是为了让中国人了解西方，促进文化交流，增加西方文明对中国人的影响。中文报刊中，较为

---

[1]梁碧莹教授介绍了跟广州关系密切的20多位美国人，其中有一小半是传教士。参考梁碧莹：《美国人在广州：1784—1912》，广州：广东人民出版社2014年版。雷雨田主编：《近代来粤传教士评传》，上海：上海百家出版社2004年版。晚清来华传教士介绍了马礼逊、郭士立、米怜、麦都思、裨治文、卫三畏、伯驾、嘉约翰、罗孝全、理雅各、合信、明稽章。

[2]熊月之：《西学东渐与晚清社会》，北京：中国人民大学出版社2011年版，第167—168页。

[3]王毅：《皇家亚洲文会北中国支会研究》，上海：上海书店出版社2005年版，第4—5页。

连贯且有影响的，包括《东西洋考每月统记传》《察世俗每月统记传》《遐迩贯珍》，都是在广州、香港与南洋创办的。后来，上海和北京的发展速度超过广州，《六合丛谈》《格致汇编》《万国公报》均在上海创办，《中西闻见录》则在北京创办。维新时期京沪涌现了一些报刊，如《中外纪闻》《强学报》《时务报》等。同一时期在广州也有一些新的报刊，但是影响力主要在南方和南洋一带。

西方知识也以著作的形式在广东出现。1834年，西方人士在广州成立了“在华实用知识传播会”（Society for the Diffusion of Useful Knowledge in China），裨治文和郭士立（郭实腊）是其中主力。该会出版的著作包括：郭士立《大英国统志》（1834年）、郭士立《古今万国纲鉴录》（1838年）、《犹太国史》（1839年）、《贸易通志》（1840年）、《万国地理全集》（1838年）、郭士立主编《东西洋考每月统记传》（1837—1838年）、裨治文《美理哥合省国志略》（1838年）、罗伯聃《意拾喻言》（1838年）、裨治文《广东方言撮要》（*Chinese Chrestomathy in Canton Dialect*）[1]。1843—1860年之间，西方人士在广州出版的中文书刊，除了《圣经》、传教小册子、词典和年鉴外，还主要有裨治文《亚墨理格合众国志略》（1844年）、合信《天文略论》（1849年）、合信《全体新论》（1851年）、哈巴安德《耶稣教要理问答》（1851年）和《耶稣正教问答》（1852年）、合信《博物新编》

[1]沈国威：《打造专业术语：以19世纪的英汉词典为中心》，载朗宓榭等著：《新词语新概念：西学译介与晚清汉语词汇之变迁》，济南：山东画报出版社2012年版，第299页。

（1855年）、湛约翰《上帝总论》（1856年）、俾士《地理略论》（1859年）、纪好弼《醒世要言》（1859年）和《真教问答》（1859年）、嘉约翰《经验奇症略述》（1860年）等[1]。鸦片战争后，原在广州的一些西方人士逐渐转移到上海。1857年，裨治文、卫三畏、艾约瑟、雒魏林等18人决定成立“上海文理学会”，后来它成为皇家亚洲文会北中国支会[2]。上海的西方人士办报著书的越来越多，使上海成为传播西学的最大中心，但广东仍有叶纳清（1864年去世）、花之安（1839—1899）等人在从事译撰活动。花之安于1886年去上海，但其主要著作是在广东时完成的。

广州作为晚清最重要的西学中心之一，其西学传播从来就没有停止过。上文显示，在广州及广东的西学著作以宗教类和医学类为突出，马礼逊、梁发、合信、嘉约翰都是显著者。一些用粤语翻译的文学著作，如《天路历程》、《人灵战纪》、《辜苏历程》（即《鲁滨孙漂流记》），在粤语文学中有一席之地，可视为《虾球传》的先驱。即便在近代国际公法方面，也是广州的伯驾节译瓦泰尔《国际法》在前[3]，丁韪良翻译惠顿《万国公法》在后。

由于开放最早，广东得风气之先，其西学视野领先内地一步，不少广东人从事西学的介绍或引进。如鸦片战

[1]熊月之：《西学东渐与晚清社会》，北京：中国人民大学出版社2011年版，第129—130页。

[2]王毅：《皇家亚洲文会北中国支会研究》，上海：上海书店出版社2005年版，第11—13页。

[3]谭树林：《美国传教士伯驾在华活动研究：1834—1857》，北京：群言出版社2010年版，第179页。

争前，对西方最了解的中国人是梁廷柟，他著有《海国四说》《夷氛纪闻》等。跟随马礼逊和米怜学习的梁发，其《劝世良言》直接影响了太平天国运动。洪仁玕在香港与传教士韩山文、理雅各等人交往，阅读他们出版的中文著作，使他能够写出中国近代第一个现代化纲领《资政新篇》。再如跟德国人关系密切的东莞世族王家，第一代王元琛是郭士立的弟子，王元琛之子王炳耀和王炳堃跟叶纳清、花之安等人有师承关系，交往密切，王炳耀与孙中山也有深厚友情，其子王宠惠后来成为民国外交部长和总理，他们都有西学著译问世。再如南海人何进善（福堂），他是理雅各在马六甲任教于英华书院时的学生，著有宗教书多部，其子何启是维新派思想家，女婿伍廷芳曾任清廷驻美公使和民国外交总长。像王元琛、何进善这样的世家尚有不少。至于郑观应、康有为、梁启超、黄遵宪等思想家，张荫桓、何如璋等具有新思想的官员就不多说了。甚至康有为的弟子、创办孔教会的高要人陈焕章，也到美国拿了一个博士学位（1911年），其英文著作《孔门理财学》还被马克斯·韦伯引用过。其对儒教的认识已经是在全球化的视野中，含有与西学比较的问题意识，跟传统的儒家大为不同。广东人久在西学熏染中，自觉不自觉地以西学促中学，以中学解西学，融会贯通，创立新学。康有为之参照基督教创立孔教就是一例。

四、编选说明

我们这套丛书，选取了晚清西学中较重要的一部分进行校注。在“西学”范围上，我们不做严格限定，而大致指跟泛称“西方”有关的知识和思想。在时间方面，我们所说的“晚清”，限定在1807—1911年之间，若有个别作品或作者实在重要而延伸至明末清初或民国，也可做灵活的处理。比如，某些译者或作者的选集文章发表时代横跨清朝、民国两个时期。在地域方面，凡是以汉文译撰的著作，不管它们是在南洋、港澳或内地产生的，都可以入选。在作者方面，不管是西方人还是中国人，是直接翻译还是借鉴后独创，都可以入选。由于是立足于广州和广东，我们会侧重广东的西学传统。

我们选书的考虑，大致有如下几个方面：

第一，对晚清思想界和社会产生过影响的西学著作，比如，影响过晚清经世派、洋务派、维新派、革命派甚至保守派的著作。产生影响的译撰著作不一定是在西方本身重要的著作，但在当时晚清的形势下，它们影响了很多中国人，甚至改变了中国的历史进程。如《佐治刍言》《泰西新史揽要》《百年一觉》《大同学》《中东战纪本末》《中西关系略论》《治心免病法》《西学略述》《列国变通兴盛记》《时事新论》《西学考略》《格物探原》等。

第二，有些书的影响较小或几乎没什么影响，但它们在西方本身有重要的历史地位，也有永久的价值，因此是值得重视的，如哲学名著培根的《格致新机》（即《新工具》）[1]，以及一些文学名著，如《天路历程》《鲁滨孙漂流记》等。这些名著在民国还有不同的译本，甚至直到

[1]邹振环：《影响中国近代社会的一百种译作》，北京：中国对外翻译出版公司1996年版，第80—87页。该书较详细地介绍了《谈天》《重学》《佐治刍言》《心灵学》《泰西新史揽要》《治心免病法》《文学兴国策》《百年一觉》等书。

今天还在产生新的译本。回过头去看晚清的译本，一些词语和概念的不同译法，显得别有一番风味。

第三，还有些是因为晚清译本提供了另一种翻译的可能性，具有语言考古价值。晚清译述出现在日语转译之前，译撰者尚未受到和制汉词的影响，而根据汉语自身的规则与历史进行翻译，因此为今日西学的翻译提供了另外的可能性。比如颜永京、丁韪良关于心理学的著译，艾约瑟、傅兰雅关于政治经济学的著译，里面很多关键词语的译法跟现代汉语译法（大部分为和制汉词）颇为不同，值得玩味。这就如同在文学上，新文化运动掀起白话文革命之初，涌现了很多种白话文的可能性，在今天语言越来越趋于统一和相同的情况下，回过头去考察白话文革命之初的种种表达方式，有可能敞开新的空间一样。在一种语言的构成中，词语是基本细胞，作为思想的直接现实，语言意味着思想的界限，重新审视汉语革命的历史，也就是对现代思想史的一种反省。近年来，学界对中国哲学史、思想史有过反思和争论，如现代中国人用“现代汉语”来研究中国古代“哲学”等，是否等于“汉话胡说”，是否在“以西解中”？对于近代以来学科的分类、变迁，基本词语和概念的巨大变革，我们可以借由对这些处于变革前夜的晚清西学译著典籍的“渐变”所进行的微观考察，来重新把握和理解现代中国人思维内容与方式变革的过程，也对诸如“自由”“哲学”这类重要译词是否能准确表达西文原词展开反思和探讨。与此相关，对于一些在和制汉词中传过程中起到了重要作用但今天很少被人提起的转译本，我们也会予以注意。比如王国维翻译桑木严翼的《哲学概论》、元良勇次郎的《心理学》及《伦理学》等等，就既对王国维本人的思想发展起过作用[1]，也对哲学类和制汉词进入中文世界有所影响。在译述和转译之间，相对来说，我们会侧重于译述时期的译撰著作。

第四，虽然我们所理解的“西学”是广义的西学，但由于出版数量有限，我们会侧重于考虑各领域的代表作。比如天文学，晚清相关著译是相当多的，我们可能只选最早也最具代表性的伟烈亚力和李善兰译述本《谈天》，以及他们两人译述的《几何原本》和《代数学》，艾约瑟和李善兰译述的《重学》，合信编译的《博物新编》。当时有开创性的植物学、动物学等自然科学著译也将酌情选入，当然，如果今天其他出版社已有出版，我们会尽量避免重复[2]。晚清历史、地理的著译相当多[3]，我们也只选有代表性的。在人文社会科学方面，可以考虑比较中英法律、详细介绍英美陪审团制度的哲美森《华英谳案定章考》，中国人介绍英法政治制度的刘启彤《英政概》《法政概》，徐建寅《德国议院章程》，李佳白比较各国政治制度的《列国政治异同考》，详细介绍美国宪法的林乐知《环游地球略述》，以及舒高第、郑昌棪译述的《美国宪法纂释》（1907年）等。在西方思想的译介上，虽然只是到了“转译时期”才大盛，但译述中也有不少，比如李提摩太和马林对社会主义的介绍，尤其是马林发表在《万国

[1]可参考佛雏：《王国维哲学译稿研究》，北京：社会科学文献出版社2006年版。

[2]韦廉臣、艾约瑟口译，李善兰笔述：《植物学》，上海：上海交通大学出版社2014年版。该书原于1858年由上海墨海书馆出版，拟定了许多专有名词，对后世有影响。该书此次是作为刘华杰主编的“博物学文化”丛书中的一本出版的。

[3]艾约瑟译的《希腊志略》《罗马校略》得到出版，参考陈德正、韩薛兵校注：《〈希腊志略〉〈罗马志略〉校注》，北京：商务印书馆2014年版。

公报》上含有基督教社会主义成分的关于地租、公正、平等的文章，对孙中山等人产生过影响。在宗教方面，宣教著作我们不会选，但比较有特色或者有历史价值，或者在今天仍有比较宗教、比较经学和比较神学意义的少量译撰著作，会适当选入。韦廉臣、艾约瑟对古埃及、波斯、希腊、罗马的宗教情况做了较多的介绍。在哲学思想等方面，艾约瑟、林乐知等人介绍了古希腊、古罗马和中世纪哲学，林乐知的包含十四本书的《自历明证》丛书，就详细介绍了基督教八大教父中的两位即奥古斯丁和金口约翰的生平与学说，以及日本明治维新时期同志社大学的创办人新岛襄的传记，其篇幅在中文世界里都是前无古人的。在文学方面，比如艾约瑟对弥尔顿、库柏诗歌的译介，都堪称最早。

第五，如前所说，广州在晚清西学东渐中有特殊地位，西学对广东敢为天下先的近现代文化有着潜移默化的影响，并随着广东人走向全国而在全国产生影响。我们将选择有广东特色的译撰著作，包括方言作品，以呈现一个鲜活的广东近代西学传统。

第六，虽然晚清西学著译不少，但我们侧重于以往不太受重视和整理的那些著作，而对于已得到很好整理、校注或市面上易得的著作，如严译、容闳的《西学东渐》等，则尽量避免重复，因此我们的选择含有一种“补遗”的意味，以呈现一个更丰富、更立体、更多面的历史。

五、致谢

在倪梁康教授的主持下，中山大学在2006年成立西学东渐文献馆，搜集、整理西学东渐文献与资料，并定期出版《西学东渐研究》，目前主要有法国籍的梅谦立教授做明清天主教文献研究，倪教授本人做唯识学和现象学的比较研究。我本科毕业于中山大学哲学系，中山大学是我的母校，我跟中山大学有特殊的情谊。近些年我在做晚清新教研究，涵盖的范围从太平天国到广学会和康有为、梁启超维新派之关系，正属于"晚清西学东渐"范围。因我父母在广东，每次我回家探亲，都会去看望在中山大学的师友，如哲学系的陈立胜老师和中文系的新进学者姚达兑。姚达兑是80后学者，他对近代西方文学的中译颇有研究，对出版晚清西学很有兴趣。2015年夏天，我与陈立胜老师拜见倪梁康教授，谈起西学东渐，说起我和姚达兑约了几个海内外同人想做晚清西学校注，只是出版资金一时遇到困难。倪教授听闻后，觉得此事有益于西学东渐研究，也有益于社会和学界，乐意促进此事，于是决定将这套丛书置于西学东渐文献馆的项目当中，通过广州市人文社会科学重点研究基地"广州与中外文化交流研究中心"及广州市科创委"西学东渐与广州21世纪海上丝绸之路"专项基金的经费予以资助。我们决心放眼长远，编出一套有参考价值的丛书。

晚清西学的校注与普通古籍的校注尚有不同，在文言之外，尚有外语（英法德日）及西学知识的问题，校注起来有额外的难度，相关人员寻找起来非常不容易。为找到这套丛书每本书的校注者，姚达兑和我可没有少在网上和微信上讨论。最后，对丛书第一辑的校注，我们找到了几位学贯中西、学养上佳的年轻学者，他们都是海内外名校毕业的博士，有的长期从事中西文化比较的工作，堪称

“合适的人做合适的事”。

此项计划的完成，有赖于一些机构和个人的帮助。尤其是以下机构：中山大学西学东渐文献馆、广州与中外文化交流研究中心、“十三五”国家重点图书出版规划、国家出版基金和“西学东渐与广州21世纪海上丝绸之路”专项基金；以下个人：中山大学哲学系教授倪梁康，南方日报出版社编辑黎衡，以及加盟本项目校注工作的学者肖清和、马永康、赵璐、张洪彬、李彬、王雨、龚昊、孙若圣、韩晓、葛小辉、窦新光、杨汤琛、叶杨曦和陈思行等。姚达兑在联系校注者和出版社方面付出了大量劳动，很多实际的工作也是他在做，在此我要特别感谢他。希望我们的丛书能够有益于读者与学术界，越做越好。

2017年6月26日

《心灵学》导读

赵璐

《心灵学》是清末圣公会华人牧师颜永京（1838—1898）的一部文言文译著，译自美国学者海文（Joseph Haven，1816—1874）的*Mental Philosophy：Including the Intellect，Sensibilities, and Will*。《心灵学》成书于1889年，可以说是第一部将所谓西方心理学介绍到中国的著作。更难得的是，书中的译词由颜永京创制，与之后被普遍接受的日本心理学术语完全不同。从书中我们更可以窥见在19世纪末，心灵哲学是怎样从哲学和教育学的一个分支蜕变为现代意义上的心理学的。

一、心理哲学、心灵学与心理学

颜永京所翻译的《心灵学》经常被称为第一部现代意义上的中文心理学著作。但观察这部书的内容，我们不难发现，这里所谓的心理学不仅与我们现在所谓的心理学迥然不同，也与19世纪末崛起的实验心理学有很大差异。中外学者经常把《心灵学》中的思想当成现代心理学的始祖。但如果我们暂时抛开这一后见之明，《心灵学》更应该被看作是18、19世纪欧美哲学思想的产物。更具体地说，是苏格兰常识学派（Scottish Common Sense School）在美国发展的产物。在这一节中，我们将简要介绍苏格兰常识学派及其对《心灵学》的影响。

1. 苏格兰启蒙运动与常识学派的崛起

直到16世纪，苏格兰还只是西欧一个偏远而贫穷的国家，但随着《1707年联合法案》（*Acts of Union* 1707）的签署，苏格兰的状况完全改变了。这一法案确认了当时苏格兰王国与英格兰王国所订的《联合条约》（*Treaty of Union*）。这一法案使两个王国以共主邦联制（personal union）的方式结合为大不列颠王国（Kingdom of Great Britain）。之后随着大英帝国（British Empire）的诞生与崛起，苏格兰很快成为西欧文化程度最高的地区之一。至18世纪中叶，苏格兰人的识字率高达百分之七十五，阅读也成为主流文化风气。知识分子所组成的各种社团、俱乐部也孕育而生[1]。

戴维·休谟（David Hume，1711—1776）即诞生于这一热烈的文化氛围中。在其诸多卓越贡献中，对欧洲哲学走向影响最大的是他对因果关系的怀疑。他认为，我们眼中的因果联系并不一定客观存在于外界事物中，而可能仅是我们的思维方式。同样，我们的归纳推理也受到思维的限制，因为我们无法证明外界事物是规则有序的。换句话说，我们可以通过感官来认知某事物是如此这般，但我们无法客观地证明这一事物是如此这般[2]。休谟的怀疑论直接动摇了当时的哲学基础，即因果律。这一论调引出了更大的问题：我们的理性和感官还是认识外界的可靠工具吗?

休谟的怀疑论并没有完全否定客观世界的存在或是

[1]参见项松林：《生活视野下的苏格兰启蒙运动》，中南大学学报（社会科学版），2010年第16卷第4期，第30—34页。更详细的论述参见Herman, Arthur (2003), *The Scottish Enlightenment: The Scots' Invention of the Modern World* (ourth Estate Ltd, 2003), 以及Roger L. Emerson, *Academic Patronage in the Scottish Enlightenment* (Edinburgh: Edinburgh University Press, 2008)。

[2]David Hume（休谟）. *An Enquiry Concerning Human Understanding*（《人类理解论》）, London: A. Millar, 1777 [1748], pp. 111–115; Rupert Read, Kenneth Richman eds., *The New Hume Debate* (Routledge, 2002), pp. 13–14 and p. 69.

人类思维的价值，但苏格兰的很多哲学家担心休谟怀疑论可能带来的影响，尤其是所引出的道德相对论和道德怀疑论（moral skepticism），而对休谟的怀疑论进行了反思和批判。这些哲学家以托马斯·里德（Thomas Reid，1710—1796）为中心，成立了阿伯丁哲学学会（Aberdeen Philosophical Society）。这一派的哲学家回应休谟的怀疑论，认为客观世界不仅存在，而且能够被我们的心灵感官和思维准确地认识。这派哲学家同时也否定道德相对主义，认为人类拥有共同的心灵构造来帮助我们认识世界，因此我们对道德也会达成共识。这就是人类感官和心灵活动的共通性和普遍性（commonality）。"常识学派"也因此而得名。值得注意的是，在英语中"common sense"一语双关，既指"常识"也指"普遍的感觉"，而常识学派在学理上强调更多的则是后者。

常识学派特别强调心灵感知外部事物的可靠性。以里德为例，他认为心灵活动是可靠的，因为怀疑论所导出的结论是荒谬的（absurd）。就如同我们可以区分什么是正常什么是荒谬，我们也可以正确认识客观事物，这正是因为我们有相同的心灵构造。同样，我们也可以通过观察自己的内心来理解人类普遍的心灵活动和道德情感[1]。

实际上，常识学派并没有像康德那样进一步深挖人类思维的可靠性，而是假设了这一可靠性。这一假设来源于其神学前提：既然我们的心灵感官来源于上帝，我们当然

[1]Thomas Reid, *Essays on the Intellectual Powers of Man*, Derek Brookes ed. (University Park: Pennsylvania State University Press, 1785/2002), p.64, p.462; Sydney E. Ahlstrom, "The Scottish Philosophy and American Theology", *Church History* 24.3 (1955): p. 261.

应该相信上帝赐予我们的感官的可靠性。这在常识学派大力推动者詹姆斯·贝蒂（James Beattie，1735—1803）的哲学中尤其明显[1]。贝蒂在弘扬里德哲学的同时，也将其进行了简化。这一简化遭到了包括康德在内的许多哲学家的批评。常识学派也因此被认为缺乏批判性思维[2]。

2. 常识学派与早期美国神学

尽管受到种种诟病，常识学派仍在18世纪的不列颠和欧洲大陆产生了巨大影响。这一影响很快散播到大英帝国的殖民地。1768年，苏格兰长老会牧师（Presbyterian minister）约翰·威瑟斯彭（John Witherspoon，1723—1794）出任新泽西学院（the College of New Jersey）——普林斯顿大学（Princeton University）的前身——的校长。与当时建立的很多学院一样，新泽西学院的主要目的是培养牧师，或者更确切地说，长老会牧师。而当时法国启蒙运动在殖民地颇具影响力，尤其是以孔迪亚克（Étienne Bonnot de Condillac，1715—1780）的唯物主义经验论。同时，在殖民地，自然神主义（deism）也渐渐流行起来。

在威瑟斯彭看来，这两种观点都十分危险。唯物主义经验论认为感觉是我们认识世界的唯一方式，但我们并不知道我们感官所认识的世界是否是世界的全部。与此同时，因为每个人的生活经历不同，我们所认知的世界也因

[1]James Beattie, *An Essay on the Nature and Immutability of Truth*（Philadelphia: Solomon Wieatt, 1809）, p. 41.

[2]Manfred Kuehn, *Scottish Common Sense in Germany, 1768-1800：A Contribution to the History of Critical Philosophy*（Montreal: McGill-Queens University Press, 1987）, pp. 167–186, p. 191。

此不同。这就导致了道德相对论。而自然神论认为人类只能通过理性和对自然的观察来理解上帝，否认上帝对自然和人类世界的直接干预。也就是说，这一论调否定了当时普遍接受的神迹、奇迹等，特别是挑战了《圣经》的神圣性。威瑟斯彭认为有必要为基督教辩护，而苏格兰常识学派的哲学正好是他手中的利器。

为什么常识学派的哲学恰到好处地符合当时的需要呢？第一，当时美洲大陆的基督教神学，尤其是福音派（Evangelicalism）依赖的是所谓科学理性（scientific rationality），即通过一套系统的思维方法来观察事物。这种科学理性直接来源于培根的方法论和牛顿的物理研究。当时很多神学家认为对外部事物的观察和理解可以验证信仰。研究《圣经》就如同研究物理现象和化学元素一样，是有意义的。这一论点的前提就是我们的感官和思维活动是可靠的。常识学派（尤其是经过贝蒂简化之后）正好为这一点提供了强大的哲学支持以抗衡怀疑论和自然神论。第二，既然常识学派认为人类有共通的心灵构造，自然我们也有相同的道德意识。反过来说，《圣经》带给我们的道德启示也是相同的。这一“心同理同”的假设正是福音派将信众聚合在一起的基础。第三，此时正值美国独立战争，很多知识分子想证明独立是人心所向，而“常识”是一个非常合适的切入点。托马斯·潘恩（Thomas Paine，1737—1809）的小册子《常识》（*Common Sense*）就是一例。因此，不论对基督教采取何种态度，在18世纪后半叶，苏格兰常识学派横扫了美国知识界[1]。

19世纪，常识学派在美国神学界牢牢地扎了根。除了普林斯顿，19世纪初，哈佛大学任霍利斯神学教授（Hollis Professor of Divinity）戴维·塔潘（David Tappan，1752—1803）将常识学派的作品引入课程之中。当时哈佛的主要目的是培养唯一神教派（Unitarianism）的神职人员，而常识学派的观念也因此扎根于此教派中[2]。很快，浸信会（Baptism）的阵地布朗大学和公理会（Congregationalism）的阵地耶鲁大学也接受了常识学派哲学。常识学派在南方也越来越有影响力[3]。可以说，截至19世纪中叶，常识学派哲学已经成为美国神学界普遍接受的哲学基础。

---

[1]此段观点见于Sydney E. Ahlstrom 和Mark A. Noll的精彩研究，见Ahlstrom, "The Scottish Philosophy and American Theology", pp. 267–269；Noll, *The Scandal of the Evangelical Mind* (Michigan: Wm. B. Eerdmans Publishing Co, 1994), 第四章。

[2]Ahlstrom, "The Scottish Philosophy and American Theology", pp. 262–263.

[3]见Daniel Walker Howe, *The Unitarian Conscience*: *Harvard Moral Philosophy 1805-1861*（Cambridge: Harvard University Press, 1970）；Mark A. Noll, *Princeton and the Republic, 1768-1822*: *The Search for a Christian Enlightenment in the Era of Samuel Stanhope Smith* (Princeton: Princeton University Press, 1989), pp. 36–43, pp. 188–191; D.H. Meyer, *The Instructed Conscience*: *The Shaping of the American National Ethic* (Philadelphia: University of Pennsylvania, 1972)；E. Brooks Holifield, *The Gentlemen Theologians*: *American Theology in Southern Culture, 1795-1860*（Durham, NC: Duke University Press, 1978）, pp. 96–101, pp. 110–154；以及 Fred J. Hood, *Reformed America*: *The Middle and Southern States, 1783-1837* (University: University of Alabama Press, 1980), pp. 1–67.

3. 19世纪美国学院课程与心灵哲学[1]

从课程建制来看，北美早期的学院效仿英国模式。更确切地说，17世纪中期哈佛大学（Harvard College）建校时，效仿的是剑桥大学（University of Cambridge）的课程：逻辑（logic）、修辞（rhetoric）和伦理学（ethics）。很快这一课程被重新划分为：物理（physics）、形而上学（metaphysics）、数学（mathematics）和宇宙学（cosmography）。其中“物理”是广义上的“物之理”，包含了生物学（biology）、解剖学（anatomy）、天文学（astronomy）以及心理学（psychology）[2]。虽然名称雷同，但以上学科的研究方法和对象与现代学科截然不同。哈佛的课程建制成为17到18世纪北美大学效仿的典范。全美仅晚于哈佛建校的威廉玛丽学院（the College of William and Marry，建于1693年）和1701年建校的耶鲁大学（当时的名称还是康涅狄格学院，the College of Connecticut）都效仿了哈佛的课程设置。值得一提的是，威廉玛丽学院与颜永京就读的肯阳学院（the Kenyon College，建阳学院，现译作“肯阳学院”）一样，都是圣公会学院。

18世纪初，英国启蒙运动的成果不断传入北美，尤其是耶鲁。其中包括牛顿的《自然哲学的数学原理》（*Philosophiae Naturalis Principia Mathematica*）和《光学》（*Optiks*）、培根的《学术的进展》（*Advancement of*

[1]美国学者R.B. Evans对心理学在18、19世纪美国的发展有精彩论述，本节很多内容参见其著“The origins of American academic psychology”, in. J. Brozžek ed., *Explorations in the history of psychology in the United States* (Lewisburg, PA: Bucknell University Press, 1984), pp. 19–69.

[2]R.B. Evans, “The origins of American academic psychology”, pp. 19–20.

Learning）、洛克（John Locke，1632—1704）的《人性理解论》（*Essay Concerning Human Understanding*）。培根所提倡的推理方法、牛顿所展示的实验观察，以及洛克的经验主义，都成为日后美国学院课程的基础。其中洛克把哲学分为三门：物理（physica）、实践（practica）和逻辑（logica）。其中物理研究事物，包括物质、身体和精神的组成、性质和作用。实践则类似于道德哲学。逻辑学则是研究符号（sign）的性质及其与心灵的关系。对于洛克来说，心理学的内容存在于这三门中，但以物理为重。反过来说，洛克认为心理学包含了自然哲学、道德哲学以及逻辑学的内容。

塞缪尔·约翰逊（1696—1772）将这些英国新知从耶鲁带到圣公会的国王学院（King' s College，建于1754年），即哥伦比亚大学（Columbia University）的前身。他将哲学分为两部分：自然哲学和道德哲学。与洛克不同，自然哲学不再涉及精神世界，而只是研究物质世界，如上文提及的生物学、天文学等。对精神的研究被归入道德哲学一项中。他因此将道德哲学分为两类：推理的（speculative）与实践的（practical）。前者研究与精神有关的知识，后者研究人的生活和行为。而洛克所谓的逻辑也被划分进前者中。推理的道德哲学还包括神学（theology）知识[1]。而实践的道德哲学则包含：伦理学（ethics），研究个体的情绪和行为；经济学（economics），特指对家庭行为的研究；政治学（politics），研究政府、教会的行为。

约翰逊著有《哲学的要素》（*Elementa Philosophica*）一

[1]R.B. Evans, "The origins of American academic psychology" , p. 26.

书。在书中他就用到了推理与实践道德哲学这两分法。在教学中，他进一步改进了课程设置，不仅将自然哲学和道德哲学分开教授，也将此两分法融入其中。如学生在第二年要学习推理的道德哲学，以此掌握思维的工具。在最后一年则要学习实践道德哲学。他的课程设置也被威廉史密斯学院（Williams Smith College），即宾夕法尼亚大学（the University of Pennsylvania）的前身所接受[1]。很快这一设置规范了道德哲学的内容，成为美国学院的典范。19世纪的心灵哲学也在这些课程的分合中距离我们越来越近，因为当经济学和政治学独立出来后，所余下的内容就基本上是海文那个时代的心灵哲学了。

当常识学派进入美国后，本土的神学和道德哲学传统像是被注入了一针强心剂。牛顿和培根的方法论被里德的哲学进一步强调。借助后者的哲学，美国本土学者进一步认为道德和神学可以像自然哲学那样被研究[2]，同样，常识学派哲学规定了对洛克哲学的理解。众所周知，洛克强调人出生时不带任何天生的知识，而是白板一块（tabula rasa），我们对事物的理解因此全部来源于经验。洛克的这一经验主义经过休谟的怀疑论之后，很容易滑向不可知论和道德相对论，即我们的感知并不是对世界的真实反映，因此我们所获得的经验也不一定是正确的，而道德感自然也因人而异。这是像孔迪亚克那样的经验论在殖民地盛行

[1]R.B. Evans, "The origins of American academic psychology" , p. 29.

[2]Theodore Dwight Bozeman, *Protestants in an Age of Science*: *The Baconian Ideal and Antebellum American Religious Thought* (Chapel Hill: The University of Norther Carolina Press, 1977), pp. 44–70; Daniel Walker Howe, *The Unitarian Conscience*, pp. 28–44, pp. 69–92.

的哲学基础之一。但常识学派从学理上提出，人的感知和认识有共同的基础，这一基础是上帝赋予的。

常识学派不仅在哲学思想上，更是在内容范畴的划分上规范了美国道德哲学。里德的两部著作《论人的智力》（*Essays on the Intellectual Powers of Man*，1785年）和《论人心灵的行动力》（*Essays on the Active Powers of Human Mind*，1785年）的目录，奠定了当时19世纪美国学院道德哲学和之后心灵哲学的范畴。我们可以把两册的目录粗略翻译如下：

一、智力（Intellectual Powers）

1. 感觉（Of the Powers we have by means of our external senses）

2. 记忆（Concerning Memory）

3. 概念（Of Conception "simple apprehensions"）

4. 抽象（Of Abstraction）

5. 判断（Of Judgement）

6. 推理（Of Reasoning）

7. 品味、美学（Of Taste "Esthetics"）

二、行动力（Active Powers）

1. 意志（Of the Will）

2. 行动规律（Of the Principles of Action）

a.机械的：本能与习惯（Mechanical-Instinct and Habit）

b.动物性规律：食欲、欲望、瘾、情欲、性情、意见（Animal Principles-Appetites, desires, addictions, passions, disposition, opinion） c.理性规律：责任、道德义务、责任感、良心（Rational Principles of Action–duty, moral obligation, sense of duty, conscience）

3. 道德（Of morals）[1]

里德将人的心灵分为两大类：智力与行动力。前者除了包含我们今天通常指的智力，还包含感觉和审美。行动力则包含意志力、情感和道德感。这一分类与塞缪尔·约翰逊和洛克的分类相似，即将人的心灵分为两个研究范畴：心灵自身的活动和心灵对人行动造成直接影响的活动。但里德在这里一方面更侧重人的心灵活动，另一方面强调了意志的作用。他的这一分类已经明确地划分出日后心灵学的两大范畴：智力（包含感觉）与意志（包含道德）。而第三个范畴情感（审美以及各种情感）则还是被归类于这两个范畴中。

19世纪初美国学院多有沿袭里德的分类，而“人类心灵的科学”（the science of the human mind）也在很多著作中突出出来，如：埃兹拉·伊利（Ezra Stiles Ely，1786—1861）的《人类心灵科学对话》（*Conversation on the Science of the Human Mind*，1819年）、弗雷德里克·比斯利（Frederic Beasley，1777—1845）的《人类心灵科学真理探索》（*A Search of Truth in the Science of the Human Mind*，1822年）和阿萨·伯顿（Asa Burton，1752—1836）的《论形而上学、伦理学、以及神学的基础原则》（*Essays on Some of the First Principles of Metaphysicks, Ethicks,*

[1]引自R.B. Evans, “The origins of American academic psychology” , p. 38.

and Theology，1824年）[1]。

其中最具影响力的则是所谓美国第一部心灵哲学的教科书：《心灵哲学的要素》（*Elements of Mental Philosophy*，1834年）。其作者是缅因州（Maine）鲍登学院（Bowdoin College）心灵与道德哲学教授（Professor of Mental and Moral Philosophy）托马斯·厄本（Thomas Upham，1799—1872，颜永京译为欧亨）[2]。厄本出身于公理会家庭，祖父是毕业于哈佛的公理会牧师。同样，厄本毕业于公理会阵地达特茅斯，并在新罕布什尔州（New Hampshire）的罗切斯特镇（Rochester）做了两年的牧师。他秉持公理会的正统神学，是苏格兰常识学派的忠实信徒。1827年，厄本将过去四年的教学笔记集结成册，称为《思想哲学的要素》（*Elements of Intellectual Philosophy*）。1832年，厄本不满于原书所涵盖的范围，将之扩展为两册，并更名为《心灵哲学的要素》（*Elements of Mental Philosophy*）。1834年，厄本补充进第三册：《意志的哲学和实践论》（*Philosophical and Practical Treatise on the Will*）。

我们可以从这一教科书的编纂来看厄本对所谓“心灵

---

[1]Ezra Stiles Ely, *Conversation on the Science of the Human Mind* (Philadelphia: William Fry, 1819); Frederic Beasley, *A Search of Truth in the Science of the Human Mind* (Philadelphia: S. Potter and co., 1822); Asa Burton, *Essays on Some of the First Principles of Metaphysicks, Ethicks, and Theology* (Delmar, N.Y.: Scholars' Facsimiles & Reprints, 1773 & 1824). 尤其是其中前言部分，如Ely, *Conversation*, A2.

[2]关于厄本，参见：R. W. Rieber, “Thomas C. Upham and the making of an indigenous American psychology”, *Annals of the New York Academy of Sciences*, Volume 291 (1977): pp. 186–202; Alfred H. Fuchs, “The psychology of Thomas Upham”, in Gregory A. Kimble, Michael Wertheimer eds., *Portraits of Pioneers in Psychology*, Vol. 4 (2000): pp. 1–14.

的科学”的理解。1827年的《思想哲学的要素》其实已经包含了里德著作中的范畴，如感觉、意志、情感、品味等等。不仅如此，厄本还加入了语言的特点（characteristics of languages）和教育（education）等内容。但全书的侧重则是在“智力”；全书超过一半的章节涉及当时“智力”所包含的范畴，如认知、概念、注意力、推理等等。[1]但经过1832年和1834年两次改编后，情感和意志独立出来，与智力形成了三足鼎立的局面，同时心灵哲学作为一个学科也更加明确地从道德哲学中划分了出来[2]。

厄本的三分法有两个来源：一个是托马斯·布朗（Thomas Brown，1778—1820，颜永京译为白郎）的《人类心灵哲学讲义》（*Lectures on the Philosophy of the Human Mind*），另一个则是公理会神学家乔纳森·爱德华（Jonathan Edwards，1703—1758）的《自由意志》（*Freedom of the Will*）。托马斯·布朗是苏格兰常识学派的转折期人物，他的哲学常被归类于所谓联想主义，或观念联合论（Associationism）。这一派一般认为人的心理活动是由一种状态通过联想而达到另一种状态的。在《人类心灵哲学讲义》中，他将人的心灵活动分为内部和外部两种状态。他又将前者分为思想的（intellectual）和情感的（emotional）[3]。厄本在他教科书的第二版中就沿袭了这

[1]Thomas Upham, *Elements of intellectual philosophy: designed as a textbook* (Portland [Me.], Published by Shirley and Hyde. Printed by J. Griffin, 1828), pp. 4–8.

[2]R.B. Evans, “The origins of American academic psychology”, pp. 40–42.

[3]Rieber, “Thomas C. Upham and the making of an indigenous American psychology,” pp. 190.

一两分法。当然思想的部分还是占了全书的一多半[1]。厄本教科书的意志部分则是对乔纳森·爱德华的回应。爱德华认为，人的意志来源于原罪，因此我们的好恶与真正的善是相背离的，换句话说，我们的喜好已经被决定了。在这个意义上，人的意志是不自由的。这一理解属于当时典型的加尔文主义（Calvinism）[2]。但到19世纪，加尔文式的决定论（Determinism）已经被自由意志取代。厄本在其书中也力图系统地驳斥爱德华的观点[3]。

厄本的三分法很容易让人联想到哲学巨人康德（Immanuel Kant，1724—1804）对知、情、意三个范畴的划分。但需要指出的是，我们不应该过分强调康德在这一划分上对厄本的直接影响。首先，这一范畴的划分并不源于康德，而更多地来自德国哲学家泰藤斯（Johannes Nikolaus Tetens，1737—1807）[4]。而且如果我们不计内容上的区别，这三个范畴自古希腊时代就已经有了，因此并不需要任何人的独创。其次，如上段我们所看到的，厄本教科书的成书过程有其自身的理路。

最重要的是，康德哲学很大一部分都在讨论人类感官和思维的可靠性。他对可靠性的考察被当时美国的哲学家

[1]Upham, *Elements of Mental Philosophy*（Boston, W. Hyde & co., 1832), pp. 6–14.

[2]John R. Shook ed., *The Dictionary of Early American Philosophers*, p. 338. 对爱德华神学与心理学的研究，详见James G. Blight, “Jonathan Edwards’ s Theory of the Mind: Its Applications and Implications” in. J. Brozžek ed., *Explorations in the history of psychology in the United States* (Lewisburg, PA: Bucknell University Press, 1984), pp. 61–120.

[3]Rieber, “Thomas C. Upham and the making of an indigenous American psychology” , pp. 193–195.

[4]Thomas Teo, *The critique of psychology*: *From Kant to postcolonial theory* (New York: Springer, 2005), p. 43.

视为怀疑论，和休谟属于一类，因此不被主流学界接受。当时有一些著作以康德或黑格尔的学说为主，如以诗歌著称的塞缪尔·泰勒·柯勒律治（Samuel Taylor Coleridge，1795—1834）的《思维之助》（*Aids to Reflection*，1825年）、由纽约大学教授凯莱布·亨利（Caleb S. Henry，1804—1884）编译的法国哲学家维克多·谷森（Victor Cousin，1792—1867）的《心理学要素》（*Elements of Psychology*，1834年）、以及德国裔的费德里克·劳奇（Frederick A. Rauch，1806—1841）的《心理学，或对人类灵魂包括人类学的探索》（*Psychology, or A View of the Human Soul, including Anthropology*）。但这些著作的影响力远不及厄本的《心灵学要素》。这些著作一方面受到哲学名词译介的限制，往往依赖法语或德语词汇，但经翻译为英语后显得晦涩而难以卒读；另一方面，当时美国学院被控制在理事（trustee）的手里，而他们倾向于保守的神学、哲学课程，这些著作因此很难作为教科书普及[1]。

二、海文及其《心灵学》

约瑟夫·海文（Joseph Haven，1816—1874）来自于公理会家庭，父亲毕业于哈佛大学。1835年海文从公理会的阿默斯特学院（Amherst College）拿到本科学位。1838年又拿到硕士学位。硕士期间海文也在纽约协和神学院（Union Theological Seminary of New York City）进

[1]Rieber, “Thomas C. Upham and the making of an indigenous American psychology,” p. 197.

修。之后他进入公理会位于马萨诸塞州（Massachusetts）新镇（Newton）的安杜佛神学院（Andover Theological Seminary）。1839年11月，他获得牧师资格，同年被按立为公理会马萨诸塞州阿什兰（Ashland）教区的牧师[1]。1846年，海文转往马萨诸塞州哈佛教区继续他的牧师工作。在这期间他对神学研究的兴趣越来越浓，发表了两篇书评。他的作品受到母校的欣赏，1850年，他回到母校阿默斯特学院任思想哲学和道德哲学教授（Professor of Mental and Moral Philosophy）。1858年，海文在芝加哥神学院（Chicago Theological Seminary）任系统神学教授（Professor of Systematic Theology），至1870年退休。直到过世，海文一直在芝加哥周围的院校教授心灵哲学。19世纪50年代，他出版了《心灵学》（*Mental Philosophy*，1857年）和《道德哲学：理论与实践伦理》（*Moral Philosophy: Including Theoretical and Practical Ethics*，1859年）。这两部书均为教学所作，内容也来自于其上课时的讲义。另外两部书是他文章的结集：《哲学与神学研究》（*Studies in Philosophy and Theology*，1869年）及《系统神学》（*Systematic Divinity*，1875年）。后者出版时海文已经过世。其中《心灵学》在美国非常受欢迎，并很快取代了厄本的教科书[2]。

在很大程度上，海文的《心灵学》是厄本《心灵哲

[1]Gerald Vaughn, “Amherst Professor Joseph Haven and His Influence on America’ s Greatest Social Critic, Thorstein Veblen, ” *Historical Journal of Massachusetts*, 34.1 (2006), pp. 43–44.

[2]Vaughn, “Amherst Professor Joseph Haven”, pp. 44–45; Shook ed., *The Dictionary of Early American Philosophers*, pp. 499–500.

学的要素》的改进本。这首先体现在海文对其著作的定位。海文深受常识学派的殿军威廉·汉米尔顿（William Hamilton，1788—1856）影响，他将自己的著作定位为教科书，因此在内容上也以兼容并包为主，力图清楚明了地介绍各家思想。与此同时，海文承袭了厄本教科书的三分法以及很多基本范畴，并以此为书的主线，方便读者了解哪些是公认的知识，哪些还有待进一步考察。书后还附有最新的参考书目。而且在每章最后，还加入了相关学术观点回顾[1]。这一基本知识与延展阅读的组合至今仍是美国大学教科书的基本形式。

其次，同厄本一样，海文的教科书强调心灵哲学与教育的关系。从17世纪洛克对心灵的哲学讨论到20世纪弗洛伊德的学说[2]，对心灵、思维的探讨主要在三个领域展开：一、学者之间的学术探讨；二、教育；三、医疗。截至19世纪中期，心灵哲学在欧洲大陆仍被视为哲学的一种，属于高雅的思辨，是学者的专利[3]。但在美国，由于学院扩招，很多学者认为心灵哲学有助于提高学生的思维能力和道德觉悟。这类似于今日大学中的道德修养和逻辑

[1]见厄本教科书和海文的前言：Upham, *Elements of Mental Philosophy*, iii–iv; Joseph Haven, *Mental Philosophy: Including the Intellect, Sensibilities, and Will* (Boston: Gould and Lincoln, 1857), iii–vi. 海文对三分法的接受，见Joseph Haven, *Mental Philosophy*, p. 36. 他同时提到了厄本和康德。

[2]对威廉·詹姆斯之前的“心理学”的介绍，见Jay Wharton Fay, *American Psychology Before William James* (New Jersey: Rutgers University Press, 1939).

[3]这从常识学派在德国的接受就可以看出来，在康德身上尤其明显。他甚至将里德对大众常识的信赖称为反智主义（anti-intellectualism）：Sophia A. Rosenfeld, *Common Sense: A Political History* (Cambridge: Harvard University Press, 2011), p. 88；Manfred Kuehn, *Scottish Common Sense in Germany*, pp. 60–69, p. 226, p. 236, p. 246.

思维课程[1]。到19世纪末，随着试验心理学的兴起，病理心理学以及心理治疗也受到更加广泛的应用。厄本教科书的成功就在于顺应了北美心灵哲学从哲学走向教育的这一转变。当然在厄本书中，我们仍然能看到学术著作专精的一面，如对爱德华意志论的辩驳，以及对当时兴起的心理疾病研究的探讨。海文则弱化了对疾病的探讨，更侧重于教育，致力于如何向读者介绍心理活动的过程并且展示思维方法，以期达到提高读者智力和道德修养的目的。也正是这一目的促使颜永京将《心灵学》译成中文。

那么，从17世纪的洛克到19世纪中叶的海文，他们笔下的研究对象与我们今天所说的心理学到底有怎样的关系，而这关系又是如何表达出来的呢？首先我们来看联系。美国心理学史家兰德·埃文斯（Rand B. Evans）对此有公允的表述。他认为，从古至今的心理学思想（psychological thought）都在回答三个基本问题："一、我们是如何认识事物的（这里包含感觉、知觉、学习、认知等等）；二、我们的感受从何而来（这里包括情绪、动机、信仰和态度等等）；三、什么促成了我们的行为（这里包括从条件反射，到协调性，再到社会互动）。"[2]即使是今日的心理学，其研究对象也离不开这三大类。

但不论是这三个基本问题，还是大而化之的"心理学思想"，都是泛泛的抽象，而且都来源于一个预设，即

[1]这在当时很多心灵哲学教授的理论中都有显现，如戴维·希尔（David Jayne Hill），见Josef Brozžek, "David Jayne Hill: Between the Old and The New Psychology", in. J. Brozžek ed., *Explorations in the history of psychology in the United States* (Lewisburg, PA: Bucknell University Press, 1984), pp. 121–147.

[2]R. B. Evans, "The origins of American academic psychology", p. 18.

“心理学”的暗流古已有之，到20世纪之后显现为现代心理学。这个预设对我们理解20世纪心理学的种种来源很有帮助，但对我们理解不同时代著作的不同，尤其是海文的著述却并非如此。厄本也好，海文也罢，他们响应的是18、19世纪的哲学、神学传统和学科设置。他们脑海中并没有预设出一个20世纪现代心理学的学科，他们关心的问题与所用的方法也与现代心理学大相径庭。他们口中的“心灵哲学”（mental philosophy）、“思想哲学”（intellectual philosophy）与“心理学”（psychology）更不能与“现代心理学”这个词简单地画上等号。其原因有三：一、二者所涵盖的学理内容与现代心理学不尽相同；二、二者所对应的学科建制以及强调的功用不尽相同；三、现代心理学家的自我认同上与前人有所区分。

从洛克到约翰逊，他们身处的学术理路还是中世纪的学科分类。他们所谓的道德哲学（moral philosophy）是相对于自然世界而确立的，可以说是对人类活动的研究。约翰逊所谓的推理的道德哲学（speculative moral philosophy）不仅包括一部分现代心理学的内容，还包括逻辑学与神学内容，却不包括现代心理学中的情绪等相关问题。

相比之下，在里德对人智力（intellectual powers）和行动力（active powers）的讨论中，经济学、政治学等有关社会关系的内容被淡化，更集中在人类个体的思想与行动上。在他的讨论中，智力和道德分别列在智力和行动力之下，是若即若离的关系。这种若即若离的关系在美国19世纪前半叶的学院传统中非常明显。在当时，虽然智力和道德已经被视为不同的范畴，但它们很多时候仍被放在一起讨论。如上文提到的，伊利的《人类心灵科学对话》和比斯利的《人类心灵科学真理探索》都用了“心灵科学”（science of the human mind）做标题。但前者包含了我们今天所说的智力、情感和道德的部分，而后者仅包含了对智力的探讨。同样，在所谓“思想哲学”（intellectual philosophy）这一名目之下，智、情、意如何取舍也因人而异。上文提到的厄本1927年的《思想哲学的要素》中以智为主，兼谈情、意。而美国浸信会教育家弗朗西斯·卫兰（Francis Wayland，1796—1865，颜永京译为惠兰[1]）在他的同名著作《思想哲学的要素》（*Elements of Intellectual Philosophy*，1854年）中，只讨论了智力这一部分[2]。这一若即若离的关系也可以从这些教授在学院的头衔中显示出来，即“心灵与道德哲学教授”（Professor of Mental and Moral Philosophy）。

与此同时，心灵哲学与道德哲学的分野也越来越明显。冠名“心灵哲学”（mental philosophy）的著作仍然涉及道德与伦理学内容，但学者更倾向于将道德学内容独立成书，如卫兰的《道德学的要素》（*Elements of Moral Science*，1835年）与海文的《道德哲学：理论与实践伦理》（*Moral Philosophy: Including Theoretical and Practical Ethics*，1859年）。而心灵哲学以及与之对应的智、情、意三大范畴也成为一个相对固定的领域。在当时，“心理学”

[1]惠兰曾任布朗大学校长。其著作还有《道德学的要素》（*Elements of Moral Science*，1835年）。海文在原著中多次提及惠兰，但颜永京一般并不把他的名字译出。

[2]Francis Wayland, *Elements of Intellectual Philosophy* (Boston: Phillips, Sampson and company; New York: J.C. Derby, 1855), v–viii.

（psychology）这个词语不仅在欧洲而且在北美也被广泛应用。海文在其著作中也多次提到“心理学”（psychology）与“心理学家”（psychologist），但其指代的则分别是心灵哲学和研究心灵哲学的人。到19世纪中后期，“心理学”这一词语用得越来越广泛，但其指代的仍是心灵哲学。

同样，现代心理学与心灵哲学也有较明显的分野。首先这一分野体现在内容与学统上。现代心理学的开端一般被定在实验心理学（experimental psychology）的兴起上。这实际上是距离美国心灵哲学传统较远的一个学科，起源于19世纪30年代德国莱比锡的哲学家和物理学家古斯塔夫·费希纳（Gustav Theodor Fechner，1801—1887）。他通过实验的方式证明了当外界刺激增大时，我们需要比之更大的刺激，才能在心理上反映出程度相对应的变化。在海德堡，物理学家和医生出身的赫尔曼·冯·亥姆霍兹（Hermann von Helmholtz，1821—1894）同样用人体实验的方式来研究人的感知。亥姆霍兹的研究方法又被他的学生威廉·冯特（Wilhelm Maximilian Wundt，1832—1920）继承并发扬光大。他们的研究虽然都是来源于哲学传统中对于身、心关系的探讨，但他们是物理学、生理学家，所以在手段上借助了物理和医学实验方法。他们的视野也集中在生物、医疗上，并将这种心理学称为“生理心理学”（die physiologische Psychologie）。随后，威廉·詹姆斯（William James，1842—1910）与斯坦利·霍尔（Granville Stanley Hall，1846—1924）分别将这一领域引进到哈佛与新创立的约翰·霍普金斯大学（Johns Hopkins

University）[1]。相对于美国本土的心灵学传统，生理心理学是舶来品。

其次，生理心理学增添了一项重要设置，即实验室。1875年詹姆斯在哈佛创立了以教学为目的的心理学实验室，1879年亥姆霍兹在莱比锡创立了第一所为研究人类感官活动而设的实验室，1883年霍尔也在霍普金斯大学创立了美国第一所现代意义上的心理学实验室[2]。1890年，詹姆斯出版了《心理学的规律》（*The Principles of Psychology*），其中关于实验心理学的部分成为现代心理学的学科奠基。其后冯特的很多学生在美国学院任教后也纷纷设立心理学实验室。当时的实验室不仅仅是为了方便教学演示，更是为了科研研究。1887年，霍尔创立了《美国心理学杂志》（*American Journal of Psychology*）。其中专门收录实验心理学的研究，尤其是基于实验室数据的成果[3]。心灵哲学的研究也被有意地排挤在外。至此，实验室的有无成了是否是“真正”心理学的标准，而“心理学”也不再指代心灵哲学，而是“生理心理学”[4]。

[1]R.B. Evans, “ ‘the Principles of Psychology’, and Experimental Psychology” , *The American Journal of Psychology* 103.4 (1990): pp. 438–439; Christopher D. Green, “History of Psychology: Johns Hopkins's First Professorship in Philosophy: A Critical Pivot Point in the History of American Psychology” , *The American Journal of Psychology* 120.2 (2007): pp. 303–323.

[2]Christopher D. Green, “History of Psychology” , pp. 311. 对实验心理学历史全面的记述，见George Mandler, *A History of Modern Experimental Psychology: From James and Wundt to Cognitive Science* (Cambridge: MIT Press, 2007), xv, p. 62.

[3]R.B. Evans and Jozef B. Cohen, “The American Journal of Psychology: A Retrospective” , *The American Journal of Psychology* 100.3/4 (1987): p. 321, p. 324.

[4]这从现代心理学初期的心理学家所写的心理学史就可见一斑，如：J. Mckeen Cattell, “Psychology in America” , *The Scientific Monthly*, 30.2 (1930): pp. 114–126.

第三，实验心理学所追求的目的与心灵哲学也不尽相同。从约翰逊到海文，修习道德和心灵哲学为的是提高学生的道德水平与思维能力[1]。这些学者与其说是学者，更确切地说是教育者和行政人员。他们的心灵学教科书也并不以鼓励科研为主要目的，而是培养神职人员。同样，心灵哲学的功用也是使这些学生更好地提升心智水平，从而传播教义。

在19世纪末，美国学院逐渐摆脱了教会的约束，哈佛、耶鲁等学校也从教育机构转型成教育、研究兼重的机构[2]。而新成立的大学则特别注重研究，如1873年建立的约翰·霍普金斯大学，当时的校长丹尼尔·吉尔曼（Daniel Gilman，1831—1908）任命教授时就以科研为考虑[3]。在这一新的标准之下，新一代学者如霍尔强调科研成果和学术创造，他们也不再能够仅凭四平八稳的教科书而暴得大名了。

在应用上，心理学渐渐偏离了教育这条主线。如上文所述，实验心理学的开创者普遍有医学、生物学背景。他们的研究很大程度上是以探索人类生理、心理机能为目的的。由于实验室的确立和学术创新的需要，心理学与医

[1]就道德修养这部分，见D.H. Meyer, *The Instructed Conscience*: *The Shaping of the American National Ethics* (Philadelphia: University of Pennsylvania Press, 1972), pp. 3–11.

[2]美国学者对此有详尽阐述，如：George Marsden, *The Soul of the American University* (New York: Oxford University Press, 1994); Burton J. Bledstein, *The Culture of Professionalism*: *The Middle Class and the Development of Higher Education in America* (New York: Norton, 1976); Bruce Kuklick, *The Rise of American Philosophy*: *Cambridge, Massachusetts, 1860-1930* (New Haven: Yale University Press, 1977).

[3]Christopher D. Green, "History of Psychology", p. 315.

学和生物学联系得越来越紧密[1]，很多研究成果也被应用在治疗上。这也是弗洛伊德的精神分析在20世纪前叶被美国接受的学术背景。高等学府仍然教授心理学，但不同于心灵哲学，心理学课程本身不再是为了提高学生的思维水平而设，而是为了让学生了解心理学的基础知识和研究方法。就如同今天大学的文学院提供的是文学史训练而不是写作训练。这个转变在今天看似平常，但却是现代心理学学科独立的重要体现。

需要说明的是，当“心灵科学”所指代的内容发生变化时，焦点之外的知识并没有消失，而是被边缘化或是被归类在其他学科中。如归于洛克笔下道德哲学的子科，如经济学、政治学等都变成了独立学科。19世纪中期道德哲学与心灵哲学分离，并逐渐与相关知识合并为伦理学。相同地，三段论等逻辑学内容很长时间都是心灵哲学的一部分，但随着实验心理学的兴起和心灵哲学的没落，逻辑学内容渐渐淡出心灵哲学，再次作为一个学科独立出来。实验心理学兴起时把心灵哲学中的很多主题都排除在外，视为玄学。但随着心理学研究在20世纪的发展，很多被抛弃的知识又重新回归学科视野。因此，在理解“心灵哲学”和“心理学”的关系时，与其说是非此即彼的取舍，不如说是焦点的转移。

那么，颜永京在翻译海文的《心灵学》时，他的焦点又集中在哪里呢？这是我们下节要讨论的。

---

[1]有关医学实验室，见John A. Popplestone and Marion White McPherson, “Pioneer Psychology Laboratories in Clinical Settings” , in. J. Brozžek ed., *Explorations in the history of psychology in the United States* (Lewisburg, PA: Bucknell University Press, 1984), pp. 196–272.

三、颜永京其人

颜永京字拥经，1838年出生于上海广福寺地区。十岁时（1848年）就读于当时美国圣公会（时称大美监督会）中国布道区第一任主教文惠廉（William Johns Boone，1811年7月1日—1864年7月17日）所开设的学堂。这一学堂创办于1845年，即圣约翰大学的前身，当时主要招收贫困人家子弟。颜永京家境不裕，但聪颖好学，很讨学堂教师欢心。入学次年10月22日受洗入教。1854年，十五岁的颜永京被英文老师波因茨（Samuel Points）带到美国读书。他先在特拉华州（Delaware）接受了两年家庭教育，之后由纽约曼哈顿的圣公会升天教堂（the Church of the Ascension）牧师白特尔（G.T. Bedell）资助，就读于纽约一中学。颜与白特尔夫妇相处得很好。1859年，白特尔荣任圣公会俄亥俄州副主教（Assistant Bishop of Ohio），也偕颜同往，并送其入肯阳学院。1861年颜从肯阳学院毕业，获得学士学位[1]。

1862年，颜永京回到上海。当时正值美国南北战争，圣公会在华的资金也被切断，无法为颜在教会内部安排职位。于是颜先后在上海英领馆、公平洋行、汉璧礼商会以及上海租界的工部局担任翻译。但在这期间，颜永京始终与当时圣公会主教韦威廉（Channing Moore Williams，1829—1910）和奈尔逊（Robert Nelson，1819—1886）来

[1]本段及下一段颜永京生平，多参考徐以骅教授对颜永京的深入研究，见徐氏著：《颜永京与圣公会》，《近代中国》第十辑，2000年，第193—215页，尤其第194—196页。亦见王彩芹：《斯宾塞中译本〈肄业要览〉译词考》，《或问》，2001年第21期，第93页。

往密切。1868年韦威廉被任命为中国和日本区主教，同年4月17日，韦威廉立颜永京为会吏。1870年10月28日，颜永京荣任圣公会牧师，并在汉口、武昌等地传教十一年。1878年，颜回到上海，协助主教施约瑟（Samuel Isaac Joseph Schereschewsky，1831—1906）创办了圣约翰书院，并于1881年任校长。1880到1890年间，他先后译出了斯宾塞（Herbert Spencer，1820—1903）的《肄业要览》（*Education：Intellectual，Moral and Physical*，1882年，现一般译为《教育》）与海文的《心灵学》（1889年）。1886年，颜任圣公会虹口救主堂牧师。1894年受中国禁烟总会派遣出国。1898年6月病逝于美国[1]。

颜永京就读的肯阳学院，位于美国俄亥俄州（Ohio）的甘比尔镇（Gambier）。1824年，时任圣公会主教（Bishop）的费兰德·切斯（Philander Chase，1775—1852）为了培养圣公会神职人员，建成此校。当时圣公会培养牧师主要依靠位于纽约曼哈顿的圣公会总会神学院（General Theological Seminary），因此很多主教都反对另立学院。但由于神职人员的短缺，切斯认为与其从东岸各州借调人手，不如在当地直接培养，因此一意孤行，创立了肯阳学院。虽然他为了学院投入巨大的精力和财力，但其管理方式引起了学院内很多人的不满。最终在1831年，切斯被迫从主教位置上退下来。随后切斯在伊利诺伊州建起了另一所学院（Jubilee College）。遗憾的是，随着切斯的离世，这座学院在19世纪50年代也逐渐没落。

1795年，切斯从达特茅斯学院（Dartmouth College）

[1]徐以骅：《颜永京与圣公会》，第196—200页。

毕业。与耶鲁相同，当时达特茅斯不仅是公理会的阵地，其课程设置也模仿耶鲁[1]。苏格兰启蒙运动随之渗透到教学中。当时的校长约翰·惠洛克（John Wheelock，1754—1817）也是教授常识学派哲学的人之一[2]。他的学生中就有后来在达特茅斯留任的罗斯福·斯特莱夫（Roswell Shurtleff，1773—1861，1799年毕业）。斯特莱夫在达特茅斯教授了常识学派代表人物杜格尔·斯图尔特（Dugald Stewart，1753—1828）的《人类心灵哲学的元素》（*Elements of the Philosophy of the Human Mind*）[3]。切斯之后在肯阳学院教授神学、道德学和哲学课程时，也将常识学派的哲学带到了学院。颜永京就读时期，正是心灵哲学在美国大行其道的时候，也恰逢海文的教科书大卖。

颜永京自少年时代就被美国圣公会的圈子接纳，所受的教育实际上是当时的美国教育。因此，他的知识结构、英语水平甚至行事准则已经很大程度上美国化了。而且他的工作环境也是在美国圣公会。这些情况都影响了他在圣约翰书院担任校长时的种种决策，既而也影响到了他对所翻译书的选择。

与当时在华的许多教会学校一样，圣约翰书院兼授国文、英文、神学和实学（包括数学、物理、化学、天文等）课程[4]。但这种学院设置本身源自美国学院的课程设

[1]Joe W. Kraus, “The Development of a Curriculum in the Early American Colleges” , *History of Education Quarterly*, 1.2 (1961): p. 69.

[2]John R. Shook ed., *The Dictionary of Early American Philosophers*（NY: The Continum International Publishing Group, 2012), pp. 1125–1126.

[3]John R. Shook ed., *The Dictionary of Early American Philosophers*, p. 940.

[4]徐以骅：《颜永京与圣公会》，第203页。

置。当时伦理学和心灵哲学的课程是高年级生的必修课，而圣约翰书院也不例外：哲学和伦理学课程由文惠廉的次子小文惠廉（William Jones Boone，Jr.，1846—1891）教授[1]。颜永京任校长之后，也要继续这一传统。如他在《心灵学》序言中所说："前在圣约翰书院，曾逐日将大略翻译汉文，教授后学。"翻译《心灵学》本身是为了教学需要。与海文那一代人一样，颜永京将心灵学课程视为提高学生学习能力的方式："予以为凡肄业者，欲立为学之本，不可不读是书。"

这背后是颜氏对教育的总体看法。在教会学校教授的实学、英语等课程之外，他强调所谓的"人文教育"（liberal education）[2]。其理念是德育智育兼修，不仅提升技能，更提倡价值观的培养，即如何成为一个完善的社会人。我们也可以在他翻译的《肄业要览》中看出端倪[3]。他在序言中说到斯宾塞的书"确中时弊"，欧美"其后肄业之间，具有实用而风俗亦蒸蒸日上。恨吾华人曾未之见也"。[4]他不仅提到洋务运动以来对实学的追求，更先于当时很多士人，提倡对中国风俗、习惯的改良。在颜氏看来，斯宾塞所谓教育应始于谋生技能（"谋生以得食之事"），终于休闲、放松的娱乐活动（"闲时玩物适情之事"），正可作为培养社会人的准则。而海文《心灵学》

[1]徐以骅：《颜永京与圣公会》，第203、207页。

[2]颜永京，"From the Rev. Yung Kiung Yen, St. John's College, August 1st. 1880", *The Spirit of Missions* (Burlington, N.J.: J. L. Powell, 1981), p. 111.

[3]对斯宾塞《教育论》（即《肄业要览》）在晚清、民国的接受，见柯尊科、李斌：《斯宾塞〈教育论〉在中国的传播与影响》，《中国科技史杂志》，2014年第35卷第2期，第188—197页。其中对颜氏的翻译有更详尽的讨论。

[4]颜永京，《肄业要览》序文。

对学习方法的探究也切中中国私塾死记硬背、缺乏思辨、反思训练（exercise of the reflective powers）的弊病[1]。可以说，心灵哲学为教育服务的目的正好契合颜永京的教育思想和实际需要。

《心灵学》既然是一部译注，接下来的问题是颜永京如何将海文的著作翻译成文言文，他在内容的取舍、词汇的使用、概念的界定上，又是如何把握的呢？这是下一节要讨论的内容。

四、颜永京的《心灵学》

颜永京翻译了海文原书的前言（Introduction）和第一部分（Division One），智力（The Intellectual Faculties），占原书的五分之三左右。在《心灵学》的目录中，有小字标出"上本"，表明当时颜永京似乎有意再出下本。但最终未果。在第一部分中，海文系统地论述了智力的构成和应用，概括如下：人通过感官（senses）获取信息，并通过意识（consciousness）将信息存储到记忆（memory）中。我们不仅可以回忆外界事物通过感官在我们脑海中所形成的印象（impression）、理念（ideas，concepts，abstract），我们还可以对其进行改造，即想象（imagination）。更进一步，我们还可以对这些信息进行反思（reflection），总结（generation）、推理（reasoning）出新的知识与概念，或是判断（judge）事物

[1]Yung Kiung Yen, "A Supplementary Report, St. John's, August 7th, 1884", *Spirit of Missions* (1885), p. 56；徐以骅：《颜永京与圣公会》，第205—206页。

的美感（aesthetics）以及道德上的对错。但对于人类思维来说，有一些概念（conceptions）是人天生就有，而且无法摆脱的（intuitive powers），比如：时间、空间、因果等。在其中，海文特别强调了两个观念：美感和是非感。继承了苏格兰常识学派的一贯论点，海文不仅强调我们的感官和思维是完全可靠的，他更强调我们通过先天观念所体察到的性质也是客观存在的。换句话说，不仅空间、时间是客观存在的，连美、道德、是非都是独立于我们而客观存在的。我们如何知道我们的感官反映了客观现实呢？海文的回答同样常见于常识学派：因为上帝造就我们如此这般，来让我们体察事物、认识道德。

现当代约定俗成的翻译方式是寻求句与句之间的对应，同时词与词，尤其是名词和动词尽量对应。但在历史上，翻译的范畴是非常宽泛的。有林纾式的近乎改写一样的翻译，也有像海外汉学家翻译古文力求词与词，甚至是语序之间的对应。总之因人、因时而异。在清末，最常见的翻译方式是口译与笔述结合，由西人和中国人配合完成[1]。比如在江南制造局，西人将每句用汉文译出，再由中国人用文言记录，之后由中方人员修改润色而成[2]。如此设置的原因自然是因为西人汉语往往不够好，而中方人员的外语或专业知识水平不够高。这一设置可以弥补两方缺憾，但也会产生新的问题。首先，在信息传递中，步骤越多则可能遗失的信息越多。其次，在两人交流过程中，

[1]熊月之有系统论述，见熊氏著：《西学东渐与晚清社会》，上海：上海人民出版社1994年版，第475—566页。

[2]见王扬宗：《赫胥黎〈科学导论〉的两个中译本——兼谈清末科学译注的准确性》，《中国科技史料》，2000年第21卷第3期，第219页。

虽然很多信息得以阐明，同时也会造成很多误解，尤其是在两人母语不同的情况下。第三，在掌握句子大意之后，剩下的成书过程实际上依靠的是中方人员。但由于中方人员对西文书往往不够熟悉，在不查检原书的情况下，修饰润色越多，行文反而越容易偏离原书主旨。

但如果仅由西人执笔，译出的作品往往难以卒读。如艾约瑟（Joseph Edkins，1823—1905）所译的《格致总学启蒙》，即赫胥黎（Thomas Henry Huxley）的《科学导论》（*Introductory Science Primers*）。艾氏虽然力求周全，将每一句详尽译出，但句子往往文白词汇混杂，而且很多句子或有语法错误，或有歧义[1]。西学书籍中的知识对当时一般读者来说本来已经费解，如果翻译再不够通顺，无异是雪上加霜。

相较而言，颜永京集中西方人员之优点于一身。总体来说，他的翻译非常忠实地表述了海文的主旨。这首先归功于颜永京英语、文言文的功底和心灵哲学的学力。他对原文有非常精准地把握，这不仅体现在术语本身，也体现在惯用语，甚至是例子的理解和翻译上。比如，在论及三段论的用法时，海文强调，要想保证三段论推理的准确性，在两个前提中都出现的那个词（即中项）所指代的概念要一致，否则三段论不能成立。他给出的例子是：

Nothing is heavier than lead; feathers are heavier

[1]王扬宗细致地比较了两个译本与原文的异同。见王氏著：《赫胥黎〈科学导论〉的两个中译本——兼谈清末科学译注的准确性》，第210—218页。

than nothing; therefore; feathers are heavier than lead.[1]

在这里，“nothing”在两个前提中都出现，是三段论中的中项，却表达不同的意思：前者是否定代词“没有任何事物”，而后者则是名词表示数量或质量上的“无”“零”。所以直译过来两个前提分别是：没有任何事物比铅重；羽毛没有重量。但这一直译不能完全将海文的原意翻译出来，因为他所要说明的三段论必须要有“A是B，C是A，所以C是B”这一格式。因此中文翻译不仅需要一个对应于“nothing”的词，这个词放在句子中也要通顺。颜氏的翻译为：

无物重于铅；羽毛是重于无物，所以羽毛是重于铅。

在文言文中，“无物”刚好有与“nothing”相似的特点。在第一句（大前提）中，“无物”是一个动宾结构短语，“无”是动词，表示“没有”，后跟名词“物”。这一结构在这里意谓“没有事物”。在第二句（小前提）中，“无物”则是被用作一个约定俗成的词组，像在成语“视若无物”中一样，表示“无”“不存在”。这一翻译不仅要求对英语文法有深刻的理解，也要求有深厚的文言文功底。

其次，为了传达原文主旨，颜永京力求忠实反映原文。他的翻译以海文原著的段落为单位。在一个段落内，颜有时为了段落流畅会重新梳理句子的顺序，但绝大多数

[1]Haven, *Mental Philosophy*, p. 207.

时候他会把每一原句的句意都包含进去。在专有名词的翻译上，颜氏也力求一一对应，大多数时候他所用的译词也前后一致。

当然颜永京的翻译也有一些瑕疵。首先，他往往系统地忽略一些章节。比如海文在每章后面都有相关内容的“文献回顾”，记述前代学者对相关问题的观点。颜氏则完全忽略这些章节。其次，当海文谈到某一观点时，他同时往往给出学者的名字。多半时候颜氏会忽略名字，只是把观点译出。颜氏的详略选择符合当时的情况。由于中国读者对欧美心灵哲学的传统并不熟悉，海文提及的诸多学者著作在当时亦阙如，况且译书的目的不是为了教授哲学史，忽略这些名称和观点有助于学生把握主旨。当然，当海文具体阐述自己的观点时，颜永京的翻译则规矩地将其逐段译出。

第三，颜氏的人名翻译不够统一。如德国哲学家康德，颜永京就先后译成“干剔”和“干铁”；亚里士多德译为“耶律士都”和“爱立司多德”，哥白尼有“古彼呢哥”和“古比尼哥”；苏格兰常识学派的代表人物托马斯·布朗则有“白郎”和“勃郎”，另一位代表人物杜格尔·斯图尔特则有“多士华”和“史多华”。与人名相关的问题是颜永京有时将人名译出，有时则不译出。这一取舍比较令人费解。这两个问题体现出当时很多人名的译法还没有统一，甚至没有被译入中文。而这背后更反映出另一个问题，即在短期功用外，在如何系统地教授西方人文传统上，颜永京及当时的传教士还没有想得太远。换句话说，海文的原著不仅阐述了一个心灵哲学体系，还系统地介绍了前人的研究成果和不同学说的利弊。书后的参考书目更引导学生进一步了解这一学科。颜永京的《心灵学》则仅仅把重点放在阐述海文的体系，而不注重这一体系周边的传统。当然这并不是颜永京个人的问题，而是在传播西方知识这个大背景下的普遍问题，即对知识的取舍。

对知识取舍的抉择体现在方方面面，其中学者谈得最多的就是术语的译介[1]。退一步讲，当颜永京翻译海文的著作时，他希望将原书所涵盖的主要信息，即其心灵哲学体系准确地转换为文言文，并希求读者可以将文言文内容转换为他想表达的哲学体系。在这一过程中，他会遇到几个环环相扣的挑战。第一，在最明显的层面，很多外文术语没有对应的中文语词。因此，他需要创制语词。第二，在词汇的层次之上，心灵哲学传统，即其所包含的信息及其组合并不是人人熟知的。因此颜永京需要在句子和段落的层次上引导读者理解。第三，也是最棘手的，《心灵学》被阅读时，读者只能基于他们已有的知识来理解、推断其中内容。这与读者的阅读经验有关，颜永京本人也爱莫能助。

这样看来，颜永京的术语译介过程实际要比简单地寻找对应术语来得复杂。当翻译一个英文单词时，中文译者通常有三个选择：一、完全音译；二、依靠语义寻找对应的中文语词；三、不用对应语词，而用词组或句子将原词的意义解释出来。这三种译法各有利弊。全音译与部分音译不同，是将英语原词用汉字音译后放入文中。从语言学的角度讲，在全音译的语词中，由于单个汉字不具有意

[1]见阎书昌：《颜永京对西方心理学引入及其汉语心理学术语创制》，《南京师范大学学报》（社会科学版）第4期，第116—120页；王彩芹：《期宾塞中译本〈肄业要览〉译词考》，《或问》，2011年第91期，第91—116页。

义，也就不用担心汉字带来的语义干扰[1]。但缺点是新译的词不仅显得突兀，而且不好记忆。这也是当时的教科书委员会所反对的。在颜永京的翻译中，只有个别主要术语属于全音译，如“希卜梯西”（hypothesis），也就是今天所说的“假设”。第二种译法范围比较大，包括音意结合和完全意译。但归根结底，这类译法依靠的是相似语义的连接。好处自然是语义明显，但坏处是容易望文生义。第三种译法的好处是原词的语义可以比较完备地传递到中文中，但坏处也非常明显：这种译法不仅会影响句子结构，而且比较冗长，不便重复使用。教科书委员会也不提倡这种译法。颜永京的译法则以意译为主，并时而结合第三种译法以求句子通顺。

那么，在实际操作中会遇到什么问题呢？试想我们阅读一篇文章时的思维过程：我们首先面对一连串的汉字。这些汉字可以组成不同的语词，形成不同的意义，我们会进一步将这些汉字按汉语语法来进行理解。当一个句子的语法结构确定之后，句中的某些语词的具体意义仍待进一步确认。我们也会根据上下文以及阅读经验来确认语词的意义。从认知的角度讲，这是一个筛选的过程：我们从语词指代的众多意义中挑选一个，并将词与词的语义结合在一起。对于有经验的读者来说，整个过程是极其迅速而且是下意识的。如当我们读到“小心地滑”这四个字时，我们都会不自觉地理解为“小心，地面很滑”，而不是状语（小心地）—动词（滑）结构。这并不是后者在语法上有

[1]这类词在现代汉语中不罕见，很多连绵词属于此范围，如“葡萄”“蜿蜒”。当然，读者也经常会望文生义。

什么问题，而是因为在日常生活中我们经常见到前者，我们的阅读经验因此也指向前者。在心理学中，这一现象被称之为“启动效应”（priming effect）。

但当阅读经验爱莫能助的时候，我们提取信息的效率就大打折扣了。很多时候我们甚至不能正确理解文本。比如，抽象的哲学或文学理论中，很多语词有其特殊含义。如果我们缺乏阅读经验，当阅读这些理论时，就不能完全了解这些语词的意义，而只能依靠已有的经验来推测。我们对文章的理解也会偏离作者的本意。这实际上是翻译西方知识所面临的最大问题，也是颜永京遇到的最大挑战之一。

比如，海文提到一个核心概念，即“intuitive power”，指人类天生就具备的某些认知模式，如对时间、空间、因果等的感知。我们今天一般译为“直觉”或“直觉力”。这个译法来源于日本明治维新时期哲学家西周（1829—1897）对海文一书的翻译。从文言文构词法的角度来说，“直觉”即指直接觉知。这个翻译很好地反映了“intuitive power”所指代的“天生的”“不需要外力而形成的”等语义。颜永京的翻译则是“理才”。“才”对应的是“power”。这其实是一个很准确的翻译，因为“power”指的并不是某种力，而是人所持有的某种资质、特性。在文言文中，“才”恰好有这一意义。“理”则对应“intuitive”。这也是一个有见地的翻译，因为在宋明理学中，“理”指人天生所禀受的性质，也是人之为人的基础。从词义来看，“理才”非常准确地反映了“intuitive power”所涵盖的意义。

但当“理才”作为语词第一次出现在读者面前时，问题就来了。“理”是个含义丰富的多义词。在众多意义中，有三个意义是常见而且相对独立的。第一个是我们刚刚提到的人所禀受的“天理”。第二个是所谓道理、原因。第三个是“整理”，做动词。如果单看“理才”这个词，第一个歧义就是将其理解为动宾结构，即“整理才能”，因为“理”作为名词在文言文中常做中心语而很少做修饰语，如“天理”“道理”“统理”。如果读者将“理”理解为名词修饰语，这里也会出现第二个歧义，即将“理”理解为“道理”“原因”，那么“理才”从字面意思来看就指代人对道理、原因的理解力，即今天所说的“理性”。

当读者第一次见到“理才”这个词时，以上歧义就会不可避免地产生。在没有上下文的情况下，读者只能凭阅读经验来进行判断，但心灵学在这里第一次被译成汉语，读者没有心灵学知识可凭借，只能依靠其他阅读经验，如宋明理学等著作。作者可以通过给出定义或是提供上下文来消解歧义。如在《第四题·理才》中海文给出了理才的定义，中文译文自然也方便读者理解理才这一概念。但当海文罗列一连串术语，且这些术语都是中国读者前所未见的时，任何翻译都会变得难以理解，比如：

> 智尚有一用，即发原实原意绪是也。原实有七种。原意绪有五种，即空处、时候、因感、艳丽及是非。此等意念先于形质之物，故其发于内衷。非靠五官而发，亦非思索而得。不过五官有所达知，借所达知而自发，或呈才，或复呈才，或思索，皆以质物为事。此才则不然。盖意绪虽为物所引出，本我先有，而非得之于物故也。智如此之用是谓理才。

上文中，海文在解释理才，但他用了很多对于美国读者耳熟能详但当时中国读者并不熟悉的概念来解释理才，如原实、原意绪、艳丽等。如果颜永京忠实翻译原文，如上段引文，其内容就很难被中国读者理解。但如果颜氏打破海文的原文，加上自己的解释、叙述，那么他笔下的译文也就不再是严格意义上的翻译了。正是这个困境使得西学知识的翻译变得异常困难。颜永京在《心灵学》的翻译中也时时挣扎于这一困境。因此，在阅读《心灵学》时，希望读者也能够对颜永京的抉择和妥协有同情之理解。

心灵学

[美] 海文 著
[清] 颜永京 译
赵 璐 校注

颜永京

颜永京夫妇及其女儿[1]

[1]出自汪常明：《19世纪颜永京与亲族留学美国小考》，《浙江档案》2017年第6期，第56页。

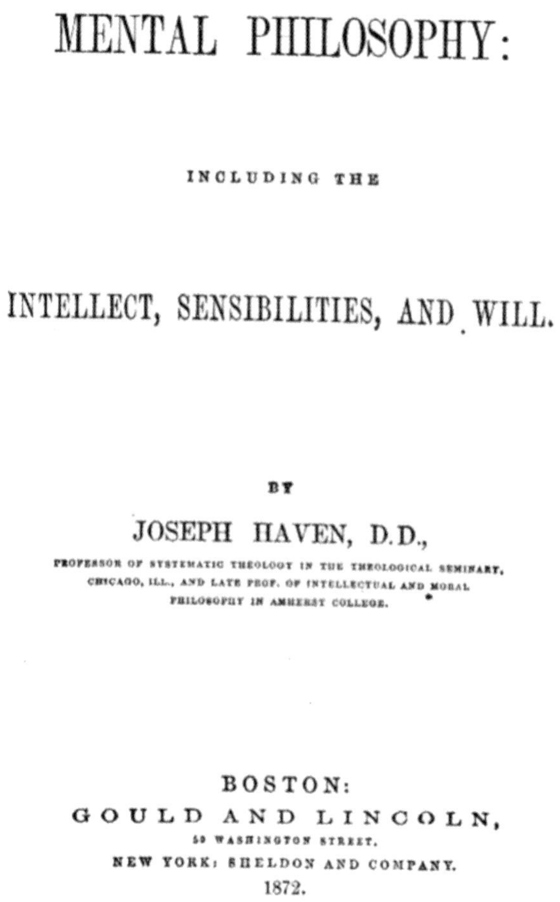

MENTAL PHILOSOPHY:

INCLUDING THE

INTELLECT, SENSIBILITIES, AND WILL.

BY

JOSEPH HAVEN, D.D.,

PROFESSOR OF SYSTEMATIC THEOLOGY IN THE THEOLOGICAL SEMINARY, CHICAGO, ILL., AND LATE PROF. OF INTELLECTUAL AND MORAL PHILOSOPHY IN AMHERST COLLEGE.

BOSTON:
GOULD AND LINCOLN,
59 WASHINGTON STREET.
NEW YORK: SHELDON AND COMPANY.
1872.

海文《心灵学》（*Mental Philosophy*）书影

光緒十五年新鐫

心靈學

中國顏永京譯

颜永京译《心灵学》书影

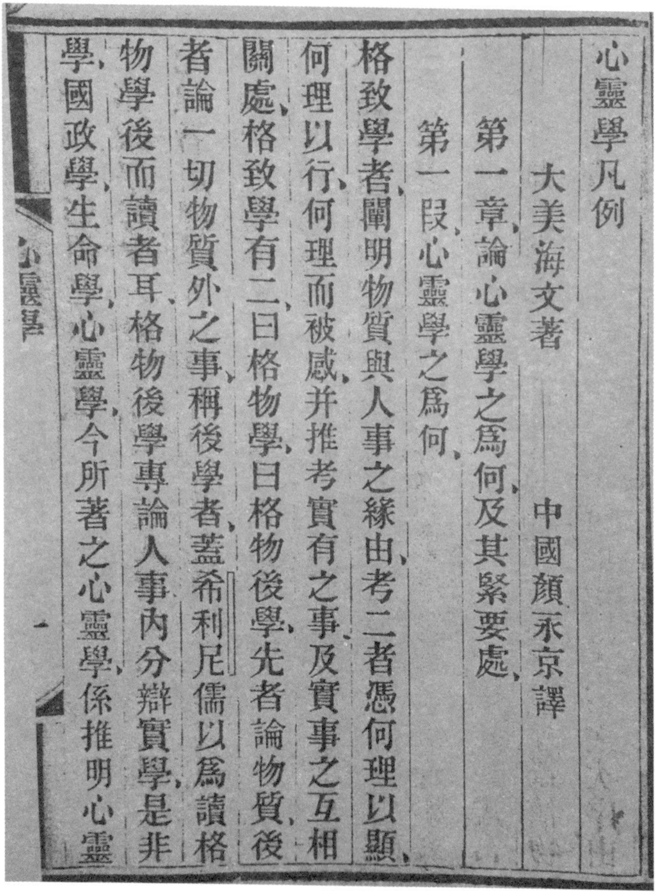
心靈學凡例

大美海文著　　中國顏永京譯

第一章、論心靈學之爲何、及其緊要處、

第一段、心靈學之爲何、

格致學者、闡明物質與人事之緣由、考二者憑何理以顯、何理以行、何理而被感、并推考實有之事、及實事之互相關處、格致學有二、曰格物學、曰格物後學、先者論物質、後者論一切物質外之事、稱後學者、蓋希利尼儒以爲讀格物學後而讀者耳、格物後學專論人事、內分辨實學、是非學、國政學、生命學、心靈學、今所著之心靈學、係推明心靈

心靈學　一

颜永京译《心灵学》书影

编校说明

原书竖版排印，今依照当下出版习惯改为横版，但各段落章节的分合及缩进都尽量反映原书排版。

原书中章标题和段标题（即所谓“叚”）后仅提行而不空行，现为方便阅读查检，章标题和段标题后空一行。原书每段首行顶天头，现为方便阅读，首行空两字。

原书人名加下划线，今去掉下划线，以脚注形式标出。原书中一些术语下有连接符“（”，用来说明所连接汉字为一个语词。但连接符时有时无，没有一定规范，而且绝大部分术语都列入脚注，因此不再在正文中标出。

小字以小括号（）标出。

凡未明确标出处，“原著”皆指海文的原著 *Mental Philosophy*。

心灵学序

盖人为万物之灵，有情欲，有志意。故西士云，人皆有心灵也。人有心灵，而能知、能思、能因端而启悟、能喜忧、能爱恶、能立志以行事。夫心灵学者，专论心灵为何，及其诸作用。夫固备详其义，学者当以之为根本也。西国书院之例，童生肄业，凡四年。至季年知识宏开，然后从事于此。余昔游学美国，曾读之，而知其书之裨益良多。前在圣约翰书院，曾逐日将大略翻译汉文，教授后学，而学者似乎得其益处。予以为凡肄业者，欲立为学之本，不可不读是书。爰将前译者选词考义，补辑成书，颜曰《心灵学》。[1]其中许多心思，中国从未论及，亦无各项名目，故无称谓以达之。予姑将无可称谓之字，勉为联结，以新创称谓。读是书者，从外面以窥，似属模糊莫辨，而精心以究，不难贯澈由来，庶其谅之[2]。西国论心灵学者，不一其人，而论法各异。予独爱名儒海文氏之作，议论风生，考据精详，窃取以为程序，而译言之，其间文气或不雅驯，所创之称谓或不的确，实由创译之故。后有博学君子，将是书精益求精，译文进于美备，是则予之所深望也夫。

光绪十五年岁次己丑清和月[3]颜永京自序

[1]颜，指题字于书籍封面上，即题名此书为《心灵学》。

[2]谅，体察。

[3]清和月，即农历四月。1889年农历四月即阳历4月30日至5月29日。

目　录

凡　例[1]

[1]凡例，即原著中的引子（Introdution）。

第一章　论心灵学之为何及其紧要处[1]

第一段[2]　心灵学之为何

格致学[3]者，阐明物质与人事之缘由，考二者凭何理[4]以显、何理以行、何理而被感，并推考实有之事，及实事之互相关处。格致学有二：曰格物学，曰格物后学[5]。先者论物质，后者论一切物质外之事。称后学者，盖希利尼儒以为读格物学后而读者耳[6]。格物后学专论人事，内分辩实学[7]、是非学[8]、国政学[9]、生命学[10]、心灵学[11]。今所

[1]紧要处，即现代汉语中的“重要性”（importance）。

[2]段，对应原著的分节符 §L。下文中颜永京也用“段”。

[3]格致学，这里指现代汉语中的“哲学”（Philosophy）。

[4]理，即指对事物的“解释”（explanation）。

[5]格物学，即广义上的“物理学”（Physics），也代指原文中“物质的科学”（the science of matter）。格物后学，即后来的“形而上学”（Metaphysics），也代指原文中的“心灵的科学”（the science of mind）。

[6]希利尼，即古希腊。“Meta-”作为古希腊语的前缀有“后面”的意思。

[7]辩实学，即逻辑学（Logic）。

[8]是非学，即伦理学（Ethics）。

[9]国政学，即政治学（Politics）。

[10]生命学，在这里实际指代“存在论”（Ontology）。

[11]此处原著作者用了后来普遍接受的词，即“心理学”（Psychology）。也就是说，对于海文来说，“mental philosophy”和“Psychology”两个词语是可以互换的。

著之心灵学，系推明心灵之形用，及形用之凭何理。

（二）格致学考究天然事物，取材于人所经历、所见闻及所充类[1]者。所经历、所见闻者是实事，及显然之形与用；所充类者是统理[2]。至心灵不可谓非天然事物中之一，设曰人不在其中，则将斯人屏于世外矣。由是以言，心灵学不可不谓格致学中之一。

（三）有曰：人之心灵，难以考究，故心灵学终难得。此言谬矣。盖他天然之物，或有性命，或无性命。虽其类不知凡几，吾皆可考显然之形用，而从此充类其所属之统理。或植物，或禽兽，皆可考究。即地壳之原质，地中层累之次序，由地腹所发改变地面之势力，亦可考见。再有极远之星，皆可细求而知其位与行动、其行动之迟速、体之大小轻重、与离地之远近，以撰成天文学。由此推想心灵显然之形与用，亦可得而晓，亦可列类而阐明。吾能讲求禽兽与植物之性，岂人之性与其意念[3]、情欲之显然形用，不可讲求者乎？在彼禽兽植物，吾不过将见闻之实事，充类其统理，而禽兽学、植物学于是乎得。在心灵固无异此。

（四）格物学与心灵学，有相似之处，盖或物质、或心灵[4]，吾只知其显然之形用耳。至物质吾终不能知其如何为物质，只能照其如何感触。我五官而知之，吾只

---

[1]充类，即指对事物的“归纳”（induction）。

[2]实事，即“事实”（fact）；显然之形与用，即事物表现出的“现象”（phenomenon）；统理，即统领事物的“法则”（law）。

[3]此处“性”指动植物的“习性”（habit）。此处“意念”并非“意志”（will），而是指人的“思想活动”（thought）。

[4]“物质”（matter）与“心灵”（mind）与后来译法相同。

能知其具何内性，有何外状[1]，而阐明之。此外我别无知晓。心灵亦然，我不知心灵之为何，所知者只凭其显然之形用，或为我所见闻，或为我所内悟[2]。夫心灵之能思、能觉、能达知、能记、能辩实、能爱、能恶、能欲、能立志，皆我所经历[3]、所见闻者。我知心灵以阐明之，是凭以上诸事为材[4]而已，余外别无所有。

（五）既心灵学与别项格致学有相似之处，则我于心灵于物质从何途得所知，用何法以查验，亦必相似。不论心灵物质，我所得知[5]者，不过其显然之形与用，而其形用全在我所见闻及经历所知耳。或物质学，或心灵学，我皆先得物质心灵之细情[6]，充类其情，以得统理。将统理依次序详释，而此二学得矣。

（六）心灵与物质学，有不同之处只有一项，即得所知之径不同耳。我上言凡欲知物质与心灵皆凭显然之形与用，但心灵学在何处寻求，则大半在我内衷[7]，不似物质之全在我身外。以故考究形用者，是我心灵。被我所考究者，亦我心灵。不同者此也。虽心灵学因此而

[1]内性，原文为“quality”。外状，后常译作“性质”“属性”（property）。

[2]所见闻，即观察（observation）；所内悟，即意识（consciousness）。

[3]觉，即感受（feel）。达知，指人对事物感知的过程，原著为“perceive”。辩实，指人理性思考的过程，原著为“reason”。立志，即“决定”（determine）。所经历，即经验（experience）。

[4]材，指人对某事物的“认识，知识”（knowledge）。

[5]所得知，原著亦作“knowledge”。

[6]细情，指事物具体而独特的“特点”（particular）。

[7]“内衷”在原著中本身并非专有名词，所对应原文的字面意思是“内在与我们的”（inside ourselves），但具体指人相对客观事物的主观感受和意识。在下文中我们经常会见到“内衷”一词。

难，实甚简易[1]。

（七）我且说其似难之处。假有谓我目何能自视，我之心灵正在记、正在辩实、正在立志之顷，如何能讲求其记与辩实立志之功夫？盖心灵一经返检己之功用，则不能记、辩实、立志[2]矣。予答曰：我心灵原不能同时作两事，但心灵之用，我当时内悟，又能切记，迨至作用已过，则我心灵无不可将前所内悟、所切记者提出查检。如此做法，心灵得能自知自检。

（八）我再说其简易之处。我心灵显然之形与用在我内衷，故我能知之更为的确。若物质学则其材四散于地面，分布于古今，一人既不能完全查究，则其学自不能备。心灵学则不然，盖著述者欲搜寻此学之材[3]，则搜寻自己。

（九）我之所知，若从自己衷内所经历者，自然比外途而得之见识更准，更可依据。譬如遥有一物，依我所观，是如此大小轻重，其色如此，其形如彼。原其物之实在性状，系凭我五官所达，亦凭我所裁断，故我或能模糊。若其物似乎有此之色、如此之状，系我所内悟，故我终不能模糊。凡我所内悟者，我信而不疑，何则？盖我所以知我有疑者，无非我内悟我有疑耳。由此以观，我若疑我所内悟者，即所疑我之内悟，而似此之疑，诚不可靠。总之，我身外之物，其显然形用，我或有模糊，但是经过于我内衷者，即如思想、情欲、志决，是我所内悟，故终

[1]此句是说心灵学虽然因为这一点而看似复杂，实际简单。

[2]此处“辩实”（judge）后多被译为“判断”，而此处“立志”原文为“will”。

[3]此处“材”（data）即后来常被译作的“材料”“数据”。

不疑，终不模糊。

（十）有所谓据上而言，凡讲求心灵显然形用，必限于本人心灵所经历者乎？曰：否。我只谓本人心灵所经历者，是大项[1]之材所由来耳。其实他人心灵之用，照我所能推测者，亦可采之为材。我日与人交接之际，某人若何境遇，即如何思、如何心动、如何立志、如何行，我皆可留意，而我于此以得之见识。竟可并入我自检之知识。再或有他讲求心灵者，将本人心灵之形用，一一著出，我可取为己有，一如物质学借资于他人所查出者耳。

第二段　心灵学之紧要处

心灵学固为要紧，但目下较他项格致学未见贵重。其故，一缘心灵学之益不是显然，一缘时势皆着重于径直而有功效之学。所谓心灵学之益不是显然诚是。至化学、植物学，及格物学，虽愚鲁之人，亦知其益。盖此三等学，或有济于化分泥土，或有济于轮流耕种土产，或有济于明浙重力及合化力[2]之统理。心灵学无若是之明效，其实际粗率之人未易领会。再者他项格致学，小者有博物柜，大者有博物院，聚奇观以供览于众，兼可用器具以试验物之化合、物之势力等事。心灵学不然。或智才之各用，或情欲之发，不似物类之可以呈于目前。其心灵之各才，或幻

[1]大项（principal sources），指研究心灵学的主要材料。

[2]化分泥土（analysis of soils），指分析土壤。明浙，即明晰。合化力（chemical forces），似指化学能。

像之倏发，或情欲之倏动，或爱之忽纵，或志[1]之顿立，或思之奥妙。种种离奇而难解者，我不可用器具试验，用绘图描写。况且心灵学毫无标新立异之题目，故讲求者[2]无意外创获之名誉与喜乐，不似讲求他学者然。所谓时势皆着重径直而有功效之学。今时民专于行作，而不专于思想，专于寻求行作之机会，而不专于倡设心思。凡新造与中兴之国[3]尤为如此。盖彼不得不专务于身体所需，而无暇他事。如凿山为路、穿山为洞、造城郭、利水道以及种种大工程、大经费之兴作。要之国必须富足、有余暇、有教化，然后能重心灵诸类之学，兼能酬此学者之劳。

（二）心灵学与他格致学有相关之处在：知其相关则知其要紧处。凡天然事物虽多，皆有先后之序。最下者为金石，由金石而植物，植物而昆虫，昆虫而走兽[4]，走兽而人类。至人外具身体，内有心灵。惟有心灵，所以称为世之主。既金石、植物、昆虫、走兽卑贱于人，则其学自必卑于人类之学。再者，讲求人身之学，亦必卑于讲求心灵之学。诸项学问皆归心灵学为主，犹一山从山脚起之诸路终归聚于山顶[5]。

（三）诸项格致学尊而贵者，皆靠心灵所创设。假如

[1]幻像（wit and fancy），此处实际是两个词，即“机智”与“幻想”。此处“志”的英文原文为“volition”。

[2]“讲求者”（votary）的英文原词指某种宗教、理想或学科的热忱甚至狂热的支持者。

[3]此处原著作者实际只提到所谓“新造之国”（new state），即美国，并没有提到“中兴之国”。

[4]金石（mineral），即矿物。“走兽”（animal）在现代汉语中作“动物”。

[5]此处原著自然段并没有完。海文进一步阐释心灵的重要性，并将心灵比作身体的“真主”（true lord）和“灵魂”（spirit），把心灵学比作其他学科的神性所在（divinity）。

算学，深者能算出星之奥妙，是心灵才所创获。细艺学[1]奇而且异。其创设细艺学之心灵，不更奇且异乎？言语之美备确切激励何等奇妙，然而创设言语之心灵，不益加胜乎？昔天文士歁勃娄及古比尼哥[2]查出星之行动，及星所属之统理。其所用之千里镜，宛如将吾举于逍遥之中，得睹目所不能见者，得至足所不能到无边无涯之境。奇哉千里镜！奇哉千里镜达到之地！然奇而又奇者是想出千里镜者之心灵、用千里镜测星之行动显星之奥秘者之心灵。

（四）心灵学与天道学[3]有关涉。我必须先知我心灵之所以然，以及魂灵之真有，而后略能明晰造物主[4]之为何。我须明思索之凭何理以用、凭何理被感，然后能举此理为辩实之据，以证造物主之有。此二事犹属浅易。尚有深而要者在。天道学之根基，是人性之善与恶。志之能否自主，情欲之能否约束，人之能自持与否，能增德与否，能遵守造物主[5]之命令与否，此种深奥题目莫与为并。然而讲求此根基者，心灵学也。人若欲将天道学用之于言行，必须将此根基定稳而后可耳。

（五）心灵学与医学[6]有关涉。医士[7]必须明晰心灵之用，然后知如何阻遏，如何激动行为之先机。医者如精明

---

[1]细艺学（arts），指学科、学术，尤其是人文学科。

[2]歁勃娄，即开普勒（Johannes Kepler, 1571—1630），德国天文学家、数学家，开普勒望远镜的创造者。古比尼哥，即哥白尼（Nicolas Copernicus, 1473—1543），文艺复兴时期波兰数学家、天文学家，日心说的奠基人。

[3]“天道学”（theology）后常译作“神学”。

[4]此处“造物主”原文为“divine Being”。“魂灵之真有”（spiritual existence）指灵魂之存在。

[5]此处“造物主”原文为“God”。

[6]此处“医学”（healing art）字面意思是治疗之术。

[7]“医士”原文为“physician”。

病之何若，必须先知心灵之用于合宜与百体[1]有何益，用不合宜有何损。若此医士自然动必有效，一言中窾，愈于药石。

（六）心灵学与口才学[2]有关涉。不论律例师[3]在公堂代人伸冤、在议院公议律例，不论教师在会堂劝善，其知心灵而能用其所知者，自必高出一筹。夫辨给之才取资固广，但心灵学为其所得力。凡能明心灵之用，及心灵之凭何理以用，即激人之情欲，动人之惧与望，耸人之怒，安人之郁，闷平人之不靖[4]，释人之偏见，令人依理决断，自然最能成就其所欲。

（七）心灵学与肄业法[5]有关涉。学者之心灵宛如一奇妙八音琴[6]，其琴之音匙[7]多而奇。若抚之以律吕，则八音克谐。否则其音杂乱。设有人不知琴理，只知讽调，而欲抚如此之琴，岂不懵乎？训蒙者[8]不知学者之心灵，而只知所教之书无异此。心灵之若何奋勉阻遏[9]，若何管束指引，岂非训蒙者所应先为明晓者乎？

（八）心灵学者有关本人。有格致学，专于据情悬

[1]百体（bodily organization），即身体组织。

[2]口才学（oratory），即演讲术。

[3]“律例师”对应的原文实际是意义比较宽泛的“公共发言人”（public speaker），即所谓演说家。古希腊和古罗马时代，演说家在法院和议会充当与政治家或律师相似的角色。

[4]不靖（excitement of feeling），指人激烈的情绪。

[5]肄业法（art of education），即教育学。

[6]原著此处实际是泛指的“乐器”（instrument），并非颜永京特指的“八音琴”。

[7]匙，即琴键。

[8]“训蒙者”似对应原著同自然段中的“老师”（teacher）。

[9]阻遏（restrain），即抑制、控制。

揣[1]，我读之惟寻味于此，外无别益。有格致学虽所讨论者皆为实事，而其事于人之关系，及人之需用杳远难凭，致读之者无所动心，算学[2]、天文学，其类也。假如我考星之行动，知其速而无声，千年前若是，千年后亦若是，绝不关人之生前与终局，此星于我可[3]关哉？我于星亦何关哉？我遥望星在空中，行其轨道，一如小孩在海滨，遥望天际，所行之风帆甚远而佳，究不知其为何舟。若心灵学则异是。盖所述者非舟之从何来从何去，乃言我本人是为何，而往何处去，前程是何，结局[4]是何。我衷藏之心灵，与其诸奇才，即如达知、幻像、辩实、立志[5]是为何，如何旧日之事彰于心目，一似初历。我所有之良知[6]，宛如一君，宰制我诸情欲，限其行止，若违背即觉羞耻，终身负愧。此良知为何？我日日行事，每觉应[7]若是，不应若是，此应字之意，从何而来？再我应作何事，何故而应作，向谁而应作？我自主否，抑或拘于不可更改之定数[8]？假如自主，则所行如何受造物主辖制，如何被造主预定[9]？我或拘于定数，则我行事如何有责成？以上诸难解题目，我一观其浮面，即知于人之大局，及所需

---

[1]据情悬揣（speculative systems of truth），指一套从客观事物现象推测出真理的系统或理论。

[2] 此处“算学”即指数学。

[3]可，疑为“何”。

[4]“结局”（destiny）字面意思即“命运”。

[5]达知（sense），即感觉。幻像（imagination），即想象。辩实（reason），即理性、理智。立志（will），即意志。

[6]良知（principles of my nature），即人类个体所禀受的自然规律。

[7]应（ought），即英语中的情态动词，表示“应该”。

[8]不可更改之定数（inevitable necessity），即不可避免的必然。

[9]“被造主预定” 原文为“predetermined by divine Providence”。

用，甚有关系[1]。而心灵学即专讲此者也。

（九）心灵学于磨炼人心有关涉。此学教人正的言语思想，练出留意专一心思，引人专求事物之所以然，及事物之相击[2]。总之磨炼人心，莫若心灵学。

[1]此句大意为：我就是只看表面大意也能发现这些问题与人生有重大关系。

[2]事物之相击（relations of things），即事物的联系。“击”疑为“系”之误。

第二章　论心灵之诸才[1]，及诸才次序

第一段　心灵之诸才

我先将心灵阐明其义。夫心灵有权能做某事、发某气、有某施[2]，此为三用。其用与用之法、用之地繁而有别。心灵用之繁而有别，即有诸项心灵才。心灵者，纯一而不能分，非似身之分百体。然其用甚多，且用于多物。心灵之某样用法，我即谓某心灵才。用法有若干彼此分别，我即谓心灵才有若干，而各有其名。总之，我虽能照心灵之各用，以得诸才，定诸才之名目，等诸才之次序，然亦当知心灵是纯一而不可分者。我或达知、记、幻像、思索，或爱恶、怕、欲，或选，皆是我纯一之心灵施其各样之用。我身有多用，每用各有其体，诸体合为一身。惟心灵不然。其体则一，其用则多。

（二）我若欲知心灵有何才，将其用一一指出，再将相类之用归一，即知[3]也。其用广，然统括之名目，则无

[1] 此处“诸才”对应的原文为“mental power”，现代汉语中常译作“心理能力”“精神”“脑力”。

[2]发某气（putting forth some energy），字面意思为散发出某种能量。有某施（performing some operation），与做某事相似。详后。

[3]句末的“知”作动词，指即知心灵究竟怎样的才。

几。我先言大有分别之用。一、我坐棹[1]边，面前有书，我展读之，心灵即有着处[2]，有施用。作书者之心思迁在我心灵中，而我亦思其所思。此是心灵之一用。我称其用为思索[3]。二、作书者所言之事，或致味于我，或激动我，我或聆其谐语而喜，讽其口才而被感，诵其深情[4]而心动，或读其所称之人、所述之形景而发怒，抑或夸美。诸如此者，非特思，乃思而心动，此是心灵之别样用法，我即称为心动[5]。三、思而心动，即激我以行，我将书放下，照我如何心动，我即立志以行，此立志是心灵之又一样用法，我称之为志决[6]。

（三）思与心动与立志，是心灵之三用。我有生以后非此用即彼用，或一用或同时三用。心灵不论何用，终不出三大类之一。我心灵既然能思，能心动，能立志以行，我即谓我有智、心动、志决，每类中各包若许次才。

第二段　心灵才之次序

心灵诸才中，智为首。其名则一，其化[7]良多。就其化之多而诸项才由此分。最要者是心灵赖五官以达知身外

[1]“棹”，通“桌”。

[2]有着处（my mind is occupied），指心灵被此项事物占据。

[3]“思索”原文即“thought”。

[4]致味于我（interests me），即使我感兴趣。激动我（excites me），即使我激动。“深情”（pathos）后常译作“悲怆”。

[5]心动（feeling），指人对外在事物的感受，尤其是情绪上的。现代汉语中常译作“感受”。

[6]志决（volition），即决断力。

[7]“化”指智可以分化出的功能作用。

诸物。如我心灵靠目以视某物，即知某物为何若。设我只有目而无心灵，则视亦不见。此智靠五官以用，是其一用，我谓其用为达知，又五官才，又呈才[1]。

（二）我昔时靠五官而达知之物，心灵能将该物复呈于心目宛如现在，此为记[2]。记有二，或知记其物如一塔，不念当时我曾见之，更不念我如何见之；抑或记其塔，且记其何时何处何故何如而见之，致能认明其塔是某时所见而非他时所见。始者为复出，后者为复认[3]。二者皆谓记。

（三）我昔所达知之物，心灵能另样呈于心目，非复前时之实境，乃幻像以呈出。譬如上所云之一塔，本是平等石所造，高亦不过数丈，我今幻像为宝石所造，塔顶高出于天。此是智将前目见之物，改换形景，以呈心目，是谓幻像。

（四）我心灵能将所达知之物，取其内性外状，或取其彼此相系之处，一为比较，不言物而言从物提出之性状。譬如书几本，有论格致者，有论词章者，有论诗赋者诸类。然而卷有用布，有用皮者，我可将布面者归为一类，皮面者归为一类。提其相似之状，以归一起。智才如此之用，为汇归[4]。再者，我可反其法，得一统理，或

[1] 呈才（Representative Power），指心智呈现感官所收集的信息的能力。

[2] 记（memory），即记忆。

[3] “复出（mental reproduction）”，类似于日后心理学与认知科学中的“语意记忆”（semantic memory），即对某个事物的相对抽象的记忆，独立于个人经验。复认（mental recognition），类似于日后心理学与认知科学中的“情节记忆”（episodic memory），即我们不仅能够回忆起某一信息，还能回忆起我们在何时何地怎样获得这一信息。

[4] 汇归（generalization），现代汉语常作“概括”。

一统名目，或一统意义，将此统者分开以得其所包之特为一事[1]。譬如众人皆不能长活。此谓统同之表句[2]。众人实包甲乙，我遂推知甲乙亦不能长活。智如是之用为分核[3]。此二种才非用于物，乃用于物之意影[4]，及物性状之意影。意影者因物虽为五官可达，乃今不在目前，而我只有物之意影在衷耳。此二才统称思索[5]，与达知、幻影有异。思索而得者谓提挈意影。达知而得者谓物意影、性状意影。

（五）智尚有一用，即发原实、原意绪[6]是也。原实有七种。原意绪有五种，即空处、时候、因感、艳丽及是非[7]。此等意念先于形质之物，故其发于内衷。非靠五官而发，亦非思索而得。不过五官有所达知，借所达知而自发，或呈才，或复呈才，或思索，皆以质物为事。此才则不然。盖意绪虽为物所引出，本我先有，而非得之于物故也。智如此之用是谓理才[8]。

（六）以上所云之呈才、复呈才、思索、理才，皆智之四用。先三者，用于五官可达之物，或借五官所达者，

[1]上两句大意是：我们也可以把一复杂概念（即文中的“统理”）拆散来看其中所包含的内容。

[2]统同之表句（general proposition），即逻辑学中常说的“一般命题”。

[3]分核（reasoning），即人的推理能力。

[4]意影（abstract），即对事物的抽象。

[5] 此处“思索”（reflective or discursive power）指人的反思力，或推论的能力。

[6] 原实（conception）、原意绪（idea）指心灵不受五感直接影响而独立产生的念头和想法。

[7] “空处”（space）、“时候”（time）、“因感”（cause）、“艳丽”（beautiful）、“是非”（right）依次为“空间”“时间”“因果联系”“美感”“是非观”这五种人类普遍拥有的先验观念。

[8]理才（intuitive power），与我们后来说的直觉有相似之用处。

而转用之。呈才，呈目前之物；复呈才，将不在前之物重新呈于心目；思索，专用物之提挈意影；理才，非专于体质之物，乃专于无形无像者。兹将智之诸变用及变用之名目列左：

智

一　呈才，又称达知，又称五官才。

二　复呈才，实者即记幻。像者，即幻像。

三　思索，以诸物归一者即汇归，由统至分者即分核。

四　理才。

卷一　论智

开宗第一章　论内悟[1]

智分数才，凡例内已言之。若欲一一阐明，我先须提及三项心灵显然形用，即内悟、专意、专想[2]。此三项并非有独异之用，不论施用何项才，辅之为用，而不能或缺。

（二）内悟之义，不一其解。有谓五官达到，或心灵用于内外，我实时知其达，知其用，若此之知为内悟。有谓心灵之用，心灵自知，而若此之知是为内悟。有谓凡经由于我心灵者，有敏才通消息于我，其敏才如此之职分是为内悟。有谓我心灵有所用，我心灵必然自知而不能不知，其必然之自知，是内悟。以上各解语，虽异而意实同。余合而重申之。我或五官之达知，或想，或心动，或欲，或立志以行。总总心灵内外之用，我心灵自然知觉，不能不知，心灵如此之知为内悟[3]。

（三）论内悟有二说。有言内悟是心灵才中之一，与他才并立。有言非，乃不论用何项才，辅之以用。我先将二说辨正。其谓内悟为心灵才中之一者云，内悟之职分，是示我以心灵之用及境地，其职分与他心灵才之职分

[1]“内悟”（consciousness）后常作“意识”。

[2]专意（attention），即注意力。此处原著只给出两个名词，即意识与注意力。专想（conception），即心理学中所谓的“概念”。详本卷第三章。

[3]此处海文认为意识是人对心灵种种活动的认知。

有别，故内悟堪立为心灵之一才。况内悟非一定附他项心灵才为用[1]。盖我屡用心灵才而毫不内悟。假如我忙时，近侧之时钟忽打几下，我毫不内悟，待后他人询及，始觉模糊闻之。又如我诵书与人听，忽另有一心思间出。我虽专于此念，然仍不住口。继我忽然而醒，始知我虽朗声读出，实则毫不领会其意。再曾有一录口供者，遇一要紧之案件，录诸证人之口供，写至几点钟后，身觉疲惫，片晌间昏不内悟，仍依前录写。迨醒时始悉末后几行虽笔迹清楚，语与所供相符，然而不记为己所写。据上而推，或能用心灵才而当时全不内悟者，此岂非内悟之另为一才乎？

（四）余以以上所引不足证内悟之另为一才。此三人作而不内悟者，是因其未曾用心以作，何异于无灵机器转动之功夫[2]。有许多事我初作总专意，或多或少，迨习惯即不专意，漫然行之。设或用意，亦不过几微，以致我毫不在念。假如我行路之际，与朋友殷殷相语，或想心事，即是此类。盖我或行一步，或动一趾之先，心灵曾否令其行，令其往某向，我均不内悟。初行时，不过立意走某向，后心灵专于他事，而不顾行走，但我行走仍然似前，似机器模样。迨后来他事已过，我即从新专顾动止行走矣。我脚之筋络次第伸缩，似乎依准则；诸筋络之动，似乎彼此有呼应。倘伸缩之次序不紊而我无他事纷心，我可一直行去，毫不用心灵。有抚八音琴[3]及吹笛者不用心而迅疾启闭板眼，不乱其调，皆是此类。我谓诸如此之行

[1]此句意为意识可以独立于心灵其他官能。

[2]此处原著作者用两个词来形容这一机械的过程：“机械的”（mechanical）和“自动的”（automatic）。

[3]此处“八音琴”即钢琴。

作，不异无灵机器之转动而非用心灵以作。

（五）即使顺其言，读书者、录供者，实用心灵，不过不内悟，致有行作而不自知行作。吾且诘其何以知当时毫不内悟。余以彼当时实内悟而不过几微而随忘。后不记当时之内悟，不可谓当时无内悟。盖我所遇者，不是件件都记，惟我专意者，略留遗迹而记之。假如录供一事，其末后所写几行，谅必当时实在内悟，只因身体疲惫，其内悟不过几微，故片时后即忘其曾内悟耳。总之，其所谓内悟是心灵才中之一，非也。

（六）其以内悟与他项心灵才相辅以用者云，我五官达到某物，我必实时内悟五官之达到。假如我见一本书或闻一声，而不知我有所见有所闻，此即不见其书，不闻其声也。心灵用某才而不内悟有所用，即是不用其才。此是内悟之于他才相辅以用，而不可独自为用，其据一也。至他项心灵才，我若欲用，必先立志以用然后用之。故他项心灵才皆听命于志决。惟内悟则异而不听命于志决。内悟者诚非自有行作之能，乃于他才相辅为用。此是内悟为附用而不可自用，其据二也。

（七）余并阅二论，即评内悟是相辅以用者为是。然虽曰辅用，终不可与他才分用。且正辅并用之际，无先后之分。我心灵有某用，我立时内悟有所用。若分正辅以阐明之则可，若谓正辅各自为用则不可。

（八）内悟者，只能内悟一己心灵之用及境地，而不可内悟心灵外之事物。在外之事物，只可谓知而不可谓内悟。譬如我观看太阳，若云我内悟正在观看则可，若云我内悟太阳则不可。再内悟者只能内悟心灵实时之行作，而不能内悟以往之行作。若以往之行作可谓记，不可谓内悟。再不独我心灵想实事而吾能内悟，即幻像我亦能内悟。譬如作小说者，凭空臆造，彼必然内悟其臆造。譬如想入非非者，痴心结念，必然内悟其结念。

开宗第二章　论专意

专意者，是心灵将某才专用于一事一物，不涉别事别物。专意者非智之一才，乃与智相辅为用，与内悟无异。专意不可独用，我不可全倚专意而知事物。然无专意则诸项才皆无用处。专意与内悟有不同处。盖内悟只知一己心灵内之境地，而不及于外，若专意则专于内事，亦专于外事。

（二）按字义则可推想专意之为何。余且设想以喻之。假如一人不着心而观书，其目却见书上之字，但不领会字之意义。又有一人着心而观每字，看得的准[1]，每句意义权其轻重，全心透入书内。此二人之观书，岂不绝异乎？其故盖此则诵读而有专意，彼则诵读而无专意。我在闹市上行走，遇有多人，我全不留心。倘后来有人询及，我总不能说其相貌。抑或中途侪人[2]中，有一人动我目者，我即细观其形状，辨其特异之衣冠，看其走法之如何。若此者，倘后来有人询及，我能一一述说其人。我两次之观人，岂不大异乎？先则我观而不专意，后则我观而专意也。

（三）若问心灵在何境地是为专意，则曰：我心灵专

[1]“的准”连读，指准确。

[2]侪人，即众人。

于某才某用，而不专于他用，专用某才而不用他才是也。专意似舵，舵将船扳左扳右。专意将诸才专一某用亦然。我专意见某物、想某事，我即能见之、想之。我不专意则不能。再者，我只能专意于行作，不能专意于所作之事。

（四）专意之用[1]，最为要紧。我如若习练，致能随意将某才专于某用而不使别事纷杂，则其益极大。譬如看某物专于看某物，听某声专于听某声，想某事专于想某事，则所看者、所听者、所想者可以的确。如若不专意，则见闻必含糊。凡人见识之高下，大半在专意与不专意。习练专意之功夫非易，然而其益甚大。要不能不练习。专意与他才无异，练则精，不练则钝。练者必须立定主意[2]，竭力认真以练。存必能练成之意，更须坚固志决，将诸才专其用。如此用功，庶专意得其精灵。

（五）古今心灵学士谓有若许功夫系习惯，以致作之极易。此等功夫究竟用心以作否，究竟专其所作否？每见作手艺者，一面言语，一面作工。又见乐师一面应酬，一面调其声律。其所作所调者，有专意于其中否，用心于其中否？其谓无专意者，则视如此之功夫无异于机器转动之工夫。人初或作或调，不过立志作某工、调某律。迨后似机器模样，作之调之，不复用心。若此作与调，是习惯而至，是无心而成，并不专意。

（六）有谓此说非是。盖无论何行作，虽容易而速，

[1]用，原著实际为“习惯”（habit），指专意作为习惯的重要性（importance of habits of attention）。

[2]主意（purpose），即目标，目的。

其中果有用心[1]，果有专意，果有立志。不过此三工夫立起立息，以致后来不记其起。然不记其起，不可谓未曾起。一乐师徐徐奏曲，竟可专意于发每音，竟可立志以发。其奏曲迅速者，非不专意于发亦非不立志以发，不过专意与立志甚速耳。有口齿便捷者，一分时[2]可作二百至四百语，而作每语必须若干肌肉伸缩而后可。其有质肌肉能如此速，而无质之心灵不能如此速乎？尝见走绳索者，下颏[3]顶若许棍子，其棍不无时稍摇摆，故彼必恒专意于诸棍之稳顶，兼且专意于己身之稳立。其作事专意之速于此可见。其曲音贯串，上下相应，有一定次序，习惯者可不专意而奏之。若走绳索者，所顶之棍有若许，每根摇摆无定，诸根亦无相应之摇摆，此非专意不可。

（七）二说各有其理。我不能断其是非，听读者自为领会可耳。所谓肌肉伸缩之速，而心灵之用更速，却系不谬。然若许行作，我作惯而可不用心以作，一似机器转动之功夫，要亦有之。

（八）再有一说与上相似，即人是否同时可专意于两事。譬如吾读书时，适见一物，我即专意见物。复朗声诵读，我朗声诵读终有专意在[4]。此岂非同时专意于两事乎？奏歌曲者抚调而与人问答，走绳索者关照身与诸棍，亦岂非同时专意于两事乎？其谓心灵之用可以迅速者，则

[1]“用心”对应的原文为“involve mental activity”，即“涉及精神活动”。但原著这里的“用心”与后面的“专意”与“立志”并非并列关系，而是从属关系，“用心”（精神活动）包含“专意”（注意力）与“立志”（意志力）这两项活动。

[2]分时，即分钟。

[3]下颏（chin），即下巴。

[4]上两句指人在朗读时走神，口中虽然仍在诵读，心里却在想另外的事。

以为不可。不过心灵用于此用于彼极疾，以致我不见其移用，遂谓人能专意于两事。此理与见物相同。至物吾一时只能见其一点，然目移用极疾，以致仿佛吾能见物之全。心灵之用，亦如此之速。

开宗第三章[1]　论专想[2]

专想者，何也？曰：我将一事专一念之，而知其事之所以然，或知其事之所能有，或知其事之如此如彼。此即专想也。有谓专想是心灵之一才，余谓非也。盖不论用何样才，专想即附之以用，第多少不同[3]。我或达知，或记、幻像、思索，则专想亦在其中。苟若无此，诸才皆不能为用。由此以观，专想不可与他样心灵才相并。

（二）不论何样不在目前之事与物，我皆可专想。我能专想一暌隔友人[4]之容貌，或一异地之城邑，或一营兵之出队，或一火山之喷火，或一算学之理，或一天文学之题是也。况我所专想者，非独前所达知者、所微感[5]者，亦非吾五官所能达知者。凡已过及将来之事，实具及虚构之事，五官可达及不能达之物，均为专想。

（三）观专想之用，而不观其别事以言，则专想并无误用与不误用[6]。假使我专想一金子之山，或玻璃之山，

[1]“第三章”本作“第二章”，前目录亦误，现据内文分章改。

[2]专想（conception），即心理学中所谓的“概念”。通常指人形成概念、进行设想的能力。

[3]第多少不同，意谓程度不同。

[4]暌隔友人，暌隔即分离，此指分离而不在眼前的友人。

[5]微感（sensations），指对事物的整体感觉，这里特指由身体接触而带来的感觉。

[6]此处说“专想”本身并无对错之分。

我无不能，亦无不可。虽无其山，未可谓我专想工夫，有误在中。若我信此山为真，在某地方，则误出矣。然其误非在专想而在信。由此以观，凡真事与假事，及不能有之事，我皆可专想。

（四）反而言之，凡能有之物[1]，未必皆可以专想。假如无始无终之生命[2]，却是能有之事，但人总不可专想。又如造物主[3]之有，我果知之，但我专想其有，较比我专想一城邑之有，其中有昧昧之别。无穷之事之理，以及永不改变[4]之事之理，人莫不有意影在中。然而此二者，非吾可想透。凡事物我可以明透其底蕴者，知其如此如彼者，如此之物，我可以专想。但是无穷之事，永不改变之事，以及不能受感动之事，本非我心灵可能明透，以故非我可以专想。我虽不能专想其底蕴，其事却是实在有者。

（五）上云凡我所不能专想之事，并非皆是不能之事。然而有不能专想之事，固是不能有之事。即如有相反之事[5]是也。假如一物同时言其有，亦言其无。抑或分与其全等[6]。又如与致想之理[7]相悖之理是也。假如我言两线能包一地位[8]。抑或一事可以无因由而成[9]。又或有质之

[1]能有之物（possible things），指可能存在的事物。

[2]“生命”对应的原文是“存在”（existence）。

[3]此处“造物主”的原文是“Deity”。

[4]永不改变（absolute），即绝对的。

[5]相反之事（self-contradictory），指自相矛盾的事。

[6]抑或分与其全等，指某事物的部分等于其整体。与上文的同时存在又不存在的事物相同，都是自相矛盾的论题。

[7]致想之理（laws of thought），即所谓思维规律。

[8]两线能包一地位，即相悖于几何学定理之一：两直线不能包含一面。

[9]一事可以无因由而成，指某事件可以无缘由地发生。

物，可无空处而因[1]。又或无光阴而事体可以联续[2]。若此两类之事，我不能专想，况事亦不能有。盖事系自相背，更与致想之理相悖。惠兰云：凡我能专想之事，即为能有。凡我不能专想之事，即为不能有。余曰非也。

[1]这句是说有质量的物体可以不占据空间。

[2]光阴（time），指时间。事体（events），指事件。此句是说事件可以不依靠时间而发展下去。

第一题　论呈才（又名达知）

第一段　达知为何

心灵智中我先应阐明者是达知，又名五官才。达知者，是五官达到外物，而心灵遂知其物之才也。我以达知为智之先者，盖其为智之根基，而心动志决亦由于是。我或可设想一人，具心灵诸才，而缺五官才。亦可设想一人不赖五官才，而赖他样妙法以知外物。然而若此之人，终不与我同类。人心灵之启发及用，皆以五官才为缘起。其知身外之事物，亦赖五官。赖此而得之知识，即一切聪明智能之根本。凡人皆时时由五官才以领受外事外物，而心灵有所用，即在于此。

（二）五官才将外物呈显于心目，而吾遂知其物。如此之知，为直达以知。由此而得之知识，是为直遂[1]之知识。是识知现时迩近之事物。

（三）达知之每用，内外有二。一即内悟我五官体之被触，是谓有我。二即知我心灵以外，有物触我五官体[2]，是谓有物。凡赖五官以知物，总有此二者。二者相应，凡达知物之人，一见被达之物即被触动。达知物既有二者，即有二致。我或可专意于知物之我，于是觉被触，而竟不专意触我之物是何。我或可专意于被达之物，于是知触我之物是何，竟不专意于我被触。

[1]直遂（immediate），即直接的。

[2]五官体（bodily organism），指身体器官。

第二段　达知用之诸节

达知之用有逐节相连，若讲求其节与连，更可知达知之底蕴。假如我与外物相遇，第一我所内悟者是微感[1]，尚不知触我者是何，亦不知是否有物触我，尚不能分明此微感是五官体被感所致。我不过专意于有我而已。此系达知之第一步。是为微感。

（二）我心灵既内悟有微感，即专意于是。苟此微感为我向来未曾经历者，我即辨明其于我曾经历者有何异处。此则五官才之第二步。

（三）我非但内悟有微感，且内悟我身上某处被感[2]。继而我专意于被感之处，想其感处如此大、如此小。我暂时视其处为我心灵以外之体，与我思想之心灵分彼此。如此存想，我即知我先所有之微感，是因某体，或手或脚被感，此为第三步[3]。

（四）我非但内悟我心灵外之某体被感，且内悟我体外有物遇而感之。我有能力运动我体。我正在运用某体，而有物于体外阻之。我即内悟。我心灵即专意于阻我之物，及其如何阻我。继即达知有物，我内悟某体被阻，即悟有阻之者，悟有阻之者，即悟阻之之物。虽我不知此物为何物，但我终知实实有其物。且此物在我身体之外，而阻我体之运动，于是此身外之物即为我所知。此为第四步，是为达知之用。

[1]“微感”上文已有所提及，指对事物的整体感觉。

[2]被感（affection），即受到外物影响。

[3]“存想”（perception）后常译作“感知”，即对感官刺激的认知，察觉。

（五）我曾将达知之逐步分之有四。但予有一言指破[1]，若欲述明达知之底蕴，我可先言微感，次言此微感与他微感有何异，三言我内悟身上某处受感，四言感我者触我者是身外之物，而我遂认其物。然而达知用之际，其四步是同时而不可分先后。盖每受一微感，立知身上某处受感，立知有触而阻其体者，立知触我阻我之物。有谓时或我受微感，而竟不知感我者是何。遂以达知之用，或可三步，而未必四步。我曰此其达知，未能毕用故耳。

（六）我借达知以认物，总以微感为首务。若无微感，终不能知物。但微感与知有彼大此小之相应。假如感触过于猛厉，我则昏昏不能知物；感触微小，则反是。

（七）大概人谓微感是在心灵之内，不知其中有曲折。盖凡物感我五官体，必先感其髓筋[2]，由髓筋以达心灵，而心灵遂受感。假令我心灵不具于体，则虽体被感，我心灵终不能领会，终不能内悟有所被感。我姑以数事证之。譬如我酣睡，或嗅麻药，或吸鸦片过度，我心灵与髓筋宛似有所隔阂。虽物触五官之髓筋，我则毫无知觉。甚至将髓筋割开，而我竟不疼痛。故云感触在心灵之内，则半是而半非。夫髓筋布置于百体，无处不到。我之心灵，或称灵性，是具于髓筋所到之体。若髓筋受感触，我心灵则知之。由此以观，感触不仅在百体，髓筋亦不仅在心灵，实在二者之内。二者相合，即人之为人。若问心灵

[1]“指破”，即指出。

[2]髓筋（nervous organism），指神经器官及其所组成的系统。

如何具于髓筋，并如何二者相合为人，则奥妙[1]而莫可究矣。

第三段 物之内性与外状，取其相似处以定等类

凡我知物之内性外状，全赖达知。物之性状[2]甚繁，其中有同有别，我可就其同处以定物之等类。

（二）有若许性状，凡物之为物，必须有之。我不能想及其物，而不兼想其性状。即如阔狭、长短、大小、形式、居处、分析[3]等。不论何种物，终不能离以上之性状，我亦不能将物及该性状分开以思此诸性状。是为物之须具性状[4]。再有性状异是者，如颜色、滋味、冷热、轻重、声响、软硬等，有物有之，有物无之。无之而仍可为物，我能想及其物而不必兼想及此诸性状，是为物之恰巧性状[5]。

（三）穷理士谓性状之称须具者，必有三事而后可。

[1]奥妙（mysterious），即神秘的。在原著此段中，海文用了“神秘的”（mysterious）与“精神的”“神灵的”（spiritual）来形容人的这种特质。后一词尤其有基督教色彩。

[2]性状（quality），即事物拥有的属性，如长、宽、高等。

[3]形式（figure），即形状。居处（situation），指事物所占据的位置。“分析”（divisibility）在数学中常译作“可除性”与“可约性”，即某一事物可被分解或某一数字被约分的能力。

[4]须具性状（essential property），后亦译作“本质属性”，此指对于人类认识事物来说不可或缺的属性范畴。在康德的哲学中，这类范畴被称为先验的观念性（transzendentale Idealität）。

[5]恰巧性状（contingent and accidental property），指偶然属性。

一、凡物之为物所不可少之性状。二、我所本知[1]而非由经历以知之性状。三、我所直知而赖五官体以知之性状。性状之称恰巧者亦有三事：一、凡物之为物所可有可无之性状。二、我由经历以知之性状。三、我赖五官体以知之性状。

（四）凡人之五官体被物感触遂受微感。照其如何受微感，我即知物有何性状，而即谓物之有何性状。但质实以言，我所知者，是髓筋被感触而已。使我有微感者，却是物之性状，但其物性状之究竟何若，终属奥妙[2]。譬如我尝一物，或嗅一物，知其甜，或香。其甜与香，实是髓筋被感触所致，非物之自具香与甜。

（五）外物却有使我觉香觉甜之能。然究竟此能是从何而有，从物之如何成物而有，我皆不得而知[3]。再者，物之感触我五官之能力，与我五官所受感者，二者以一名称之，即如物之色与臭味。是指点我自己所觉之红、香、甜，兼且指点彼物之性。能使我如此以觉，所以凡谓物有如此如彼之性状，皆就物能使我如此如彼以觉而言，不可谓物之自具其性状。

（六）物之须具性状亦称首性状，是撑迭[4]（指长阔狭厚薄而言）、大小、松坚、形式、可分析、可移动、

[1]本知（to be known a priori），指先验的、不靠经验的知识。

[2]此处“奥妙”对应的原文为“occult”，即超自然的。

[3]“从物之如何成物而有，我皆不得而知”意为：我们并不知道我们的感觉是如何来源于某事物具体的构成和状况的（But to what that power is owing, in what peculiarity of constitution or condition it consists, we know not.）。

[4]撑迭（extension），意指事物占据的空间。

忌压[1]、有居处。八种恰巧之性状，亦称次性状，是轻重、硬软、流定、毛光、压与忌压[2]、屈伸或否。以及物相合相拒而得之性状，及色、声、臭、味、冷、热、糙、滑等。

第四段　达知之体及各体之用

俗称达知有五体，即五官，曰目司见、耳司闻、鼻司臭、口司尝、肤司遇。虽曰五司，其实则一，即遇[3]而已，余四则遇之变化。我视物是物返照之光触遇我目之髓筋，目髓受感而我见物。我闻声是物摇动，而摇动之空气触遇我耳之髓筋，耳髓受感而我聆声，余皆类此。然谓五体亦是有理。盖其骨骼各异，髓筋各支，且受外物触遇亦自殊科，故有耳目口鼻肤之名。至肤司遇者，是因髓筋布置于全身，若外物触遇，不论何处，我皆有微觉。

（二）体之有五，而莫或多少[4]，并非偶然。盖五体各有所司用，且其用彼此不能互易，彼此有联属，适合人之完备用处。既人借五官以得一切材，得材始知物之为物。我且问人若欲知外物，应具何体，应若干[5]。

（三）我身旁空中有物在，物各有其次性状，我欲知

[1]此处“可分析”对应的原文是“density”，后常作“密度”。可移动（mobility），即事物的移动性、流动性。忌压（incompressibility），即事物抗压力的能力。

[2]此处海文在两种性状中都列举了“忌压”，在首性状中海文用了名词“incompressibility”，在次性状中则是“incompressible”，不知何解。

[3]遇（touch），即接触、触碰。

[4]莫或多少，不多不少。

[5]应若干，应该有多少。

其性状，必有一体以达之。司遇之肤，即是其体，凡摸物必须摸着各处，统而计之，然后知物之全。乃肤只能达到近处，而不能及远，且其用漫而周折，以故独肤一体，尚不足备人用。

（四）我若再加一体使之及远，且能达物之全，引而至物之各烦碎，俾[1]我一达即了，无须周折，知物即知其诸外状，与肤并用，则我可一时知身外之众物。司见之目，即是其体，而为我第二要体。但目虽便其用，尚有限。盖目须赖光以见。我见物非物触遇我目而致，乃由物返照之光触遇我目。以致无返光，则不能见物，即使有返光而不能直遇我目，亦不能见，但返光必赖正光，且返光遇目，必须中无隔断。惟一日中无光时有若许，即有光时与我目多有隔断，斯际目无所用。

（五）我目知物靠光为中径。但无光之际，及光阻隔之地，尚有空气在，且空气无处不有。苟有肤目之人再加一体，俾在幽暗之地，靠空气为中径，仍能知物之若许性，岂不美乎？假若此空气可以由我所制，所改易，以致我能借此以与他人交谈，岂不使益于我乎？我所知者，及所藏之意念衷情，固可表明于人，或用言语，或用乐律，或用哀歌，以表之。其借空气为中径，令我闻声而知物知人者，即司闻辨声之耳，补肤目之不足。是耳为第三要体。

（六）肤与耳目只能使我知物之大小、多寡、远近，我尚须二体以知物之内性，庶与我呼吸养生[2]有济。此二体即是司嗅之鼻，司尝之口。于是五体全。或另有他物，

---

[1]俾，使。

[2]“养生”（nutrition）后常译为“营养”。

或物有奇性，五体尚不足以达到，亦未可知。但有益我性命，加添我快乐，足济我上进者，则此五体不为不备。

（七）五体中司遇之肤，能使我直知外物之底细。司见之目或亦能，但其余三体则不能。余以电报譬之。电报总局有电线通达各省，各省用码号借线以达之，而当局者，即将号码翻以文字，即知各处之底细。听、嗅、尝以知物亦然。凡物触遇耳、鼻、口，其体即将所遇借髓筋以传至脑筋，其主脑者即借此以推知其物。主脑者是我神灵[1]，三体所传者亦不过是号[2]，我心灵翻其号而即知其物。心灵靠此三体以知物，实委曲以知而非直达以知。假如我闻一声，只凭其声我不知何物所发，然前时我已经历如此之声，且见为马车行走所致，或二轮，或四轮，现在虽未见其物，亦知其为马车行走所发。是声为号，而车为号所翻之物。我闻其声，衷内即有车之意影。耳若是，则口鼻可类推。虽如此，我不可谓三体无用。盖无之则我心灵不能得材与号，以推知物之底细。

第五段　五官各以何传

五官之彼此有何联属，各有何用，上已言之，今言每一官之有何事，有几许传于心灵。先将司闻之耳、司见[3]之目、司遇之肤，一一详明。其达物内性之口与鼻，姑置勿论。

---

[1]神灵（soul），即灵魂。

[2]号（sign）后心理学常译作“信号”。

[3]见（sight），后一般译作“视觉”。

（二）问：耳所闻者是何？我听一音，常说我听某物，或一钟一炮一鸟等语。其实我并不听物，只听声。钟与炮与鸟激动空气，其空气触遇我耳，而我遂闻有声。若问我何以知为钟、炮、鸟之声，则曰是经历而知。因前我听如此之声，即有目助我以知其物，故此时虽不见物，即知为某物。与前所云声与马车之行走，正相类也。

（三）或问：听是微觉，抑或是达知？予曰：闻不可为达知。盖达知是直知外物之底细。若仅听，我只闻其声，尚不知其物。使从幼[1]只有耳而无别官，我恐终不知声为耳外之物所发。

（四）但我前曾经历过多次，兼有别官帮助，所以我此时一听声，即知为外物所发，知为何物，知物在何方，若何之远，且知之甚易，鲜有爽失。似此之知，非直达以知，是委曲以推知。再者，赖耳以推知物，及物在何方，可以练至至精。人谓美国之土人，将耳贴地，能分别马兵之声，或野牛群之声。

（五）耳能分别之声，其数无尽。有谓约有五百。况每声照其音轻闹，又分五百音。于是耳能分别者，有二十五万之声。

（六）声音能感化听音者之情，人皆知[2]。乐器之律吕、铃之响、人之言语歌曲，皆有高下疾徐、悲喜之别，大能动听者之衷情。乐器与歌曲感动粗疏之人，有口才者能激动听者之情，即此理。凡感动人，不在言语，在言

[1]从幼，自从幼儿时。

[2]声音能感化听音者之情，人皆知：原著中为同一句（The power of sound to affect the mind, and especially the feelings, is too well known to require specific statement.）故此处姑断为一句。

语之音。盖音表明说者之衷情，而能感听者发[1]相似之衷情。

（七）至司见之目。问我赖见以达知者是何。我视一远物而知其色，此固明甚。然仅恃见[2]，我兼可达知其物之撑迭、形色、位置、几多、远近否？假如我无别官，则此几端[3]可得之于见否？我先言撑迭、形式。我见一橡树，知其为灰色。然专恃见，我亦能知其体大小、形式否？有谓我只能直知其色，而不能直知其余二。余谓不然，而其据则在于光。夫色是光之性。一物在其所，返射其光，其光触遇我目，我即知其色。知其色，终知其从何大之面而来。故不论何物，若能返射其光者，我终能知其色，及其面之长阔。我另有一据，可证我赖见非但能知物面之长阔，兼可知其厚薄。我每观一物，右目所见之像，与左目所见者异，而且像是平面，其故盖物之对右目与左目，方向不同。若二目同观，则有一像，而且像显其厚薄。假使我右目所见之像，与左目所见者同，即双目同观，终是平面而无凸出。今有双眼看画镜[4]是仿此理而作。镜内安画两张，一张依右目所见者而作，一张依左目所见者而作。两画所判微茫，各显平面。若两目合视，则见一像，各物凸出，宛似真矣。由此以论，我仅类赖见，亦可直知物之撑迭。撑迭可知，则形式亦可知。盖形式不过撑迭之如何尽处。

---

[1]“发”（awaken）后常译为“唤醒”。

[2]仅恃见，仅凭视觉。

[3]几端，指上句提到的事物的属性：撑迭、形色、位置、几多、远近。

[4]“双眼看画镜”（stereoscope）后常译作“实体镜”“立体照相镜”，依据双目成像原理所造。

（八）有问：见能使我知物之远近否，使我知所见者是在身外否，在某处否？凭目所见，凭心灵所内悟[1]，则见宛能使我知物之远近，不知究竟若何。其谓不能使我知者则曰：我所见者非物，乃从物来之光，我借光之有别有变化，即推度其物之远近居处。经历多，推度始准。是物之远近居处非直以达知之，乃委曲以知之明矣。且有凭据在。假如我见一物，中央有他物，或过多过少，抑或空气[2]过清过浊，或更为别样意外之故，我即误视远近。我于海面见船，或在沙漠，及无树平地见物，每每误视远近。港面之阔狭、楼塔之高低，其误视亦若是。此一据也。

（九）又谓：只凭见而无他官以辅，凡所见者，宛似黏连于眼睛。曾有一人目生而有翳[3]，后除其翳而能见。其初时所见之物，宛在睛上。直至用他官屡次试验，始知物在远处。再有一人，名好搜[4]，久囚黑暗牢内，后忽许其见光，其所见山水景致，宛似画在窗玻璃上。此二据也。

（十）余以此二事不足为据。若谓我见物后，尚须推度并经历始能的知其远近，此言诚是。但我虽初时见物，不能立刻的知其若何之远，我终能立刻知其物是在目外，非在目上。余以此二人所经历者，与他人初见时所经历者不符。如婴孩初学见物，皆认物在身外而且远，虽不能的知其若何之远，然据其取物之形景，婴孩终知物不紧贴其

[1]“内悟”对应的原文为“impression”，后常译为“印象”。

[2]空气（atmosphere），指大气层。

[3]翳（cataract），即白内障。

[4]好搜（Kaspar Hauser，1812—1833），德国人。宣称自己在与世隔绝的黑暗密室中长大。

目。再有初生之畜，皆知四围之物为外物，在何处，而行走避之。此是见而直知者，非赖他官所辅，亦非经历而知。于是以观，所云凭目所见，凭心灵所内悟，见却能使我知物是在我身外，在何处，远我或多或少[1]者，实中肯也。

（十一）至肤之司遇。问：我赖摸，能直知物是在我身外，有撑迭、形式、软硬等性否？有谓能者，有谓不能者。余以物之若干性状，我非赖摸以知之，是内悟有物敌我[2]之施力以知之。假如硬一性，有物轻遇我肤，我只达知其物是在我身外，尚不知其或硬或软。设令其物置我掌上多时，致我掌觉酸，我即达知其物之重，然尚不知其或硬或软。待我用力推其物，或矗入[3]其体，始知其物是硬，而且独处。

（十二）至物之在我身外，及其撑迭、形式，亦不能仅赖摸以知之。假如一球放在掌上，我掌之肤即受微觉。但似此之微觉，却不能使我直知有物在身外，亦不能使我直知此微觉不出于肤。迨我屈手节而内悟有物阻之，始知其球若何大、若何式。余以摸能助我知物之撑迭等事，然仅赖摸，我终不能知。

第六段　五官之可靠

达知是靠五官以达知物，我已言之。有人疑达知所知

[1]远我或多或少，距离我多远。

[2]敌我，对抗我，此处专指与我的施力方向相反的施力。

[3]矗入（penetrate），穿透。

者非的实；以为世所云某官被一物所触，人即达知其物之如何，此言非的。盖我某官受感触，我所知者，仅物之宛若如此[1]。其实我不知是否有物，亦不知物之本质是否如此。况我五官未必可靠，难免使我错误。予答曰：五官使我错误，其据安在？设或无据，则我达知其物为如何，而物实是如此，此为近理[2]。若我达知其物为如何，而物反无，抑或其物反非如何，此为不近理。譬如我见一桌子，若谓实有桌子，是近理。若谓并无桌子，此不近理。如谓五官为不可靠，恐终无据。

（二）有谓：我靠五官而达知者，每有自相矛盾之处。我在远处见一高塔，依我视之，则其式圆，及近则方。或我见一直棍，后将半叚[3]插入水内，则视为曲。此岂非五官之不可靠乎？予答曰：若此之变，因所处物之境地有异故也。其塔之先圆后方，则因有远近耳。棍之似曲，则因插入水内，半叚之返光转路而射[4]。所以我见有二致，非矛盾也。

（三）有谓：有时我全髓不和，以致我内悟见某物、听某音，实则并无物并无音，乃髓之有变动而然者。若斯

---

[1]物之宛若如此（the appearance of things），指事物在我们感官中呈现的样子。

[2]近理（more reasonable），更有道理。

[3]半叚，即半段。

[4]转路而射（refraction），即反光。

之时我见闻有误，安必他时而无误耶？[1]予答曰：若是之错误，则容易辨认，是因其全髓不和[2]而致，与我平常所经历者诚异。我于全髓不和时能辨认达知之错误，适证明我平时达知之无错误。若谓达知有错误而不可靠，此一时安能辨其错误耶？再者，如达知不可靠则何靠？若此之人，犹彼立于山岩之上，而云山岩不可靠。不知苟将山岩刬去，彼将何所立乎？[3]

（四）至五官才之用，原有分别。有受感触以知物，有能直遇以知物者。先者亦谓委曲以推知物，后者亦谓直以知物。耳目鼻不能直遇物，只能被物所发者感触。体受感触，我即得物之显形，遂而委曲以推知物之有何性状。即如棍、塔二譬，我目非遇塔、棍，实被二物返照之光感

[1]若斯之时我见闻有误，安必他时而无误耶：意谓如果（我们认为）此时我的认知有误，（我们）怎么知道其他时候的认知一定是正确的呢？此处海文的设问与颜永京的翻译不尽相同：海文是说，有的时候我们感官会呈现看似是外界刺激，实际是来源于自身内在变化（internal changes）的刺激。如果这种现象时有发生，我们怎么知道为什么在此时而非彼时发生呢？（If this may happen in some cases, why not in others, or in all.）颜永京下一句的译文用了“全髓不和”和“误”，已经假设了这种现象是因为神经某种失调而引起的错觉。而海文的设问则强调我们的感官有时会给予我们不可靠的信息。这一设问意在回应休谟的怀疑论，即我们的感知并不可靠。参海文原文：“It may be further objected that in certain states of the physical organism, sensations are experienced which seem to be of external origin, but are really produced by internal changes; and that in such cases we have the same perceptions, see the same objects, hear the same things, that we should if there were a corresponding external reality, while nevertheless there is no such reality, and it can be proved that there is none. If this may happen in some cases, why not in others, or in all.”

[2]全髓不和，即原著所谓的“生病的，不正常的状态”（a diseased, abnormal condition）。

[3]海文用的是一个不同的比喻：如果所有硬币都是假币，我们如何能辨别出真币？（If all coin were counterfeit, how could we detect a counterfeit coin？）

触我目，受感触，即得塔、棍之显形，遂推知[1]塔是圆、棍是曲。我所推知者果有误，然其误却在于推知，在于裁断，非在五官。五官所能传于我者，不过是显形，并无他传。而其显形诚无误。若肤与口则异是。盖肤遇物，推动之，我即内悟被物所阻，遂直知物之软硬、形式等。我所内悟者，我不能不信为实。因不靠内悟，我靠何耶？

[1]推知（infer），即推断。

第二题　复呈才

引　端

复呈才是智之一才。其用即将我昔时达知之物所存于衷内之意影呈显于心目。其呈之法不一。或我只呈出其意影，致昔所达知之物，忽似再睹，此谓复出。或更进一步，我呈出其意影，致我似乎复见其性，兼认明其物是昔我一己所达知，且在何处何时所达知，此谓复认，亦谓记。或我昔所达知之物，换样呈于心目，非照当时原式，此谓幻像。复出、复认大概相似，但其中稍有分别，所以心灵学不得不以二名称之。

（二）心灵能复出、复认及幻像，所以有复出才、复认才、像幻[1]之分，其总名曰复呈才。其用有三，其理则一。盖非物触遇五官，是物之意影复呈于心目，其与达知、思索有别。

[1]“像幻”对应的原文是“creative faculty”，即创造性能力。

第一章　论复出复认才

第一段　复出才之为何

复出才者，是我心灵将昔所达知之物，从新呈于一己之心目，宛睹其原式。假如我见一高塔久历年所，既而在他处见一别物，令我复出前见之高塔，虽时隔几年，地隔几千里，其原塔忽若屹立我前。其尖顶，其层级，其门窗，件件清爽[1]。

（二）我前所闻之声亦然。假如我在某处闻一绝调之歌，年久忽然复出，而我宛似重聆。其余五官所遇所受感触者，我亦能复出，而宛似再遇。

（三）上所云我宛似复见其塔，复聆其声，我未必一定想着前在何时何处见闻，又为何故而见闻，亦未必一定想着见闻者是我。此塔此歌离其时、其地、其故、其人，而独呈于心目。我只复出塔与歌，而不顾其他。

（四）心灵所复出者，有清爽模糊之别。达知靠某官所达知之物，其物之意影后来容易复出，其靠某官所达知之物则难以复出。即如我前见之物存意影较深，后来容易复出。所闻之声，则次之。所尝者、所嗅者是最难复出，

[1]清爽，清晰。

甚至有谓不可复出者。余以所尝之味、所嗅之臭，并非不可复出，不过清爽有参差。即如瓜之味，与橘子之味，无不可复出，无不可提想[1]。其实我复出味与臭之回数，少于复出所见闻之物，所以较难复出，即使复出亦较模糊。昔史士华[2]云：其中尚有别故。我每次见物，非止见其一端；所闻之声，非止闻一音。必有几许相连为是物、为是歌，所以容易复出。尝与嗅则不然。其味臭乃独一而已，故后来难以提想。

（五）复出才为益大[3]。苟无此，则我所知识者不过是实时五官所触遇之事物，实时在于面前者。而已往之事物空如一片白纸，与未来之事物相同。我有复出才，故以往之年时竟似一团锦绣，其美令我乐焉。况我可不必独靠达知，亦不独借身外之物以取乐。我昔时所闻所见所遇者，作为我永远之所得。我或见一高而华美之塔，抑一胜景之山，或只一次，但以后此山此塔永远存于我心灵中。迨数年后迁居异地，而此塔此山复出于心目。虽此时出于提想，然其欢乐仍不减当时之身见其物。

（六）达知赖五官以达知物，必达知其物之一一。即如大小、颜色、式样，我衷内存其物之意影，亦必存其一一。我衷内存之意影，若完备而且明，则以后每见一相似之色，或相仿之形，我必复出全物之意影。余以达知之若许用，虽称达知，实是复出。予且详之。设有一车过我门外，我闻其车声，我现时所达知者，只声而已，但前闻

[1]提想（recall），即回想。

[2]史士华（Dugald Stewart，1753—1828），苏格兰哲学家，苏格兰启蒙运动的推动者之一。

[3]原文如此，意为复出才大有益处。

其声时，兼见其车，及其大小、式样等类，故现虽只闻其声，我竟有若何大、若何式之车在我之前。此在前者固非真车，乃车之意影[1]得以复出。况我凭复出之意影而知有车在外，与目所见之车无异。

（七）我所复出者，或清爽，或模糊，悉凭前达知其物之候清爽与否。我达知一物，若经多用其官，自然达知较清，后之复出亦清，少用则异此。

第二段　复出之凭何法

凡心灵将某物复出，并非无因；其复出此事此物，而非别事别物，此自有故。试为言之。我每复出一事，终必有引端[2]，或是一微感，或一达知，或一心动，或一旁外之思念。其引端，或即在事前[3]，或在几许时前，但不论近远，我一时所复出者，终必有引端所引。其前引后是为牵引之法[4]。心灵将某物复出，固凭牵引之法。

（二）若问牵引之法是何，我所微感所达知者何以牵引衷内之物影，致能复出，何以一心思能牵引他心思。穷理士谓此法有四：一、相似；二、相异；三、地与时相连；四、因感与果验[5]。或四法外尚有别法，或四法可以一贯，未可执定。

---

[1]此处“意影”对应的原文是“conception”，亦可理解为抽象。

[2]引端（precedence），即唤起“复出”这一活动的生理或心理活动。

[3]即在事前，指这一引端与之后的“复出”活动有直接的前后联系。

[4]牵引之法（laws of association），即联想所遵循的法则、规则。

[5]相似（resemblance）、相异（contrast）、地与时相连（contiguity in time or place）、因感与果验（cause and effect），下有详解。需要澄清的是，“地与时相连”指的是时间相联系或空间相联系，并非时间与空间之间发生作用。

（三）至相似之法，是显且明[1]。盖凡人之为人，莫不见其一而复出相似之物。譬我晨出散步，见有山、有林、有河，莫不令我提想[2]幼年所见如此之物。况且其相似无须在于全身，即一端相似，亦能牵引。譬如我路遇一人，或其面有斑，或有他样之记[3]。其斑其记，即能令我提想几许年前在某处所晤之友。然除斑记外，两人却绝不相似。或我见一景致，其中有山，山腰有独出一树，或崛起一石。此树此石，即令我提想别处所见之景。然除树石外，亦绝不相似。

（四）非但目所见者，牵引他样相似之物，其余四官所遇者皆然。即如音牵引相似之音，味牵引相似之味，况且所提想之音与味又引出许多他样事物，与原牵引之音与味毫不关涉者。即如人在远地听见某调，即复出彼几年前于本乡听过者，兼又引出旧地之山水景致，故土之风俗规矩，及幼时之一切。由此以观，若提起一人之名，即牵引无数往事；提起一字，则开出无边境界。

（五）其余三牵引之法，无烦缕述，盖亦显明。姑将一二比喻证之。如见一王宫，即为相异之法，牵引穷人之草舍；见一傀伟之人，即复出矮子。再如闻圣彼得堂及教王宫殿，即为地时相连之法，牵引画师赖辉尔及其所作

[1]海文此处用了“a law of our nature”（我们人性的法则）。这是苏格兰常识学派（Scottish School of Common Sense）常用的术语之一。

[2]此处“提想”对应的原文为“remind”，有提醒之意。

[3]原著的模拟用的是“深发”（dark hair）与“蓝眼睛”（blue eyes）。颜永京更换了比喻自然是为了引起中国读者的共鸣。

耶稣登山变化之名画[1]。如闻拿破伦之名，即牵引卫林敦公及华透路[2]之战，与法国之名将。再如偶然见一书在桌上，即牵引昔时在旁之某书，继由某书带出许多昔年之事。至因感果验之牵引，即如我见一伤痕，即复出所触之器，由器带出前受伤时所遭之痛苦。

（六）一引端原可牵引许多他种心思。譬如见一小像，或可令我复出其本人，或画师，或藏画之主，或作画之地与年岁，或昔画所挂之厅堂，或与画相连之别种事物。若问其画牵引某事，而不牵引他事，则有故。

（七）有名儒白郎[3]曾云：以上所云四样牵引法，每被别端变移[4]。其端有九：一、专意之久；二、心动之深；三、连贯回数[5]之多；四、岁月之迟远[6]；五、相连

[1]圣彼得堂（St. Peter's Basilica），即圣彼得大教堂。1626年建于梵蒂冈。教王宫殿（Vatican），即梵蒂冈。赖辉尔（Raphael，全名为Raffaello Sanzio da Urbino，1483—1520），即拉斐尔，意大利人，文艺复兴时期重要画家。耶稣登山变化之名画（Transfiguration），中文常译作《主显圣容》或《基督变容图》，拉斐尔名画，作于1518至1520年之间。现藏于梵蒂冈美术馆。

[2]拿破伦（Napoleon Bonaparte，1769—1821），即拿破仑，法兰西第一帝国的缔造者。历任法兰西第一共和国第一执政（1799年—1804年），法兰西第一帝国皇帝（1804年—1815年）。1815年兵败滑铁卢，后流放于圣赫勒拿岛。1821年死于岛上。华透路（Waterpoo）即滑铁卢，位于比利时首都布鲁塞尔以南约二十公里。卫林敦（Wellington），即第一代惠灵顿公爵阿瑟·韦尔斯利（Arthur Wellesley, 1st Duke of Wellington，1769—1852)，英国将领，在滑铁卢战役中击败拿破仑。

[3]白郎（Dr. Brown），即托马斯·布朗（Thomas Brown，1778—1820），苏格兰哲学家、诗人。布朗是苏格兰常识学派的转折性人物，他的哲学常被归类于所谓联想主义，或观念联合论（associationism）。这一派一般认为人的心理活动是由一种状态通过联想而达到另一种状态的。布朗著有《人类心灵哲学讲义》（*Lectures on the Philosophy of the Human Mind*）。

[4]变移（modify），意为限定、修饰。

[5]连贯回数（frequency and repetition），即频率。

[6]岁月之迟远（lapse of time），即间隔的时间。

之专一[1]；六、平时性情体气之殊；七、经事时心灵之境地；八、经事身体之境地[2]；九、行业[3]。若引端之牵引某事，而不牵引他事，大抵上四样牵引法被九者之一所变移。

（八）余以白郎所言甚是。假如我达知一事一物之际，专意久而心动深，自然以后容易复出其物。反此则异是。又如我达知二物在同处，以后屡见在一处，则是提想其一，必牵引及彼。于背书一事可见。读书必上句连贯下句。遍数多，故后来背时提起一句，自然牵出下句。

（九）至岁月之近远。我所见闻者，如年岁久隔，自然难以复出，故而更难被别物牵引。我近今所见闻者，比远时所见闻自然容易被引。假如某部书，我数年前见在长架上，今年则见在方架。倘后来复出其书，终必牵引方架而非长架。是岁月之近远故耳。至相连之专一，譬如某歌只为某一人所唱，而我只闻其一次，以后我再听其歌，必定牵引某人。如我听过数次，每次更易其人，则后再听不能牵引何人。

（十）至平时性情体气之殊，及经事之境地。有人终日色喜，有人终年闷闷。有人闻悲喜之信，其情深为显露；有人少些。又有人或身体稍为不和，或受天气之变，即显于动静。性情有异，则复出之事亦必有异。若行业自可类推，不赘。总之引端牵引某心思，而不牵引他心思者，盖四法每为以上九事所变移故也。

---

[1]相连之专一（exclusiveness of association），即所联想事物在多大程度上是一对一的对应关系。

[2]身体之境地（state of body），即身体状况。

[3]行业（professional habits），特指职业习惯。

（十一）有名儒耶律士都[1]谓：一心思牵引他心思，总是小者引大，缓者引急。凡想着脚终牵想及头，决不想着头而牵想脚。再如想着犬马终牵想及主，绝不想着人而牵想犬马。余以此端，可增入九情。

第三段　复认才之为何（复认亦称记）

第一段所言复出才，是心灵将前所达知之事物，复出于心目，所复出者只物而已，至此物是我一己所达知，及达知时与当时情景，则绝不念及。若将此诸端加上，复出其物兼复出诸端，是谓复认才，亦谓记[2]。此比复出才进一步，复出才不过关着身外之事物，复认才是兼关达知之我。

（二）所记之事物，或可被引端牵引而复出，或可不牵引。先者亦谓故意追记，后者谓无意而记[3]。至故意追记，我必须用牵引法，无异于复出才一节所言牵引法。予设一事以明之。假有一人我已忘其姓，一面而言，我实不记其姓。别面而言，我却知所忘者是姓，而非他物，且

[1]耶律士都（Aristotle），即亚里士多德（前384—前322），古希腊著名哲学家，柏拉图的学生，亚历山大大帝的老师。

[2]原著中，海文将“复出”和“复认”两种心理活动统称为“记”（memory），而并非如颜永京翻译那样只是将“复认”与“记”对应起来：“The two taken together, the reproduction, and the recognition, constitute what is ordinarily called memory, which involves, when closely considered, not only the reproduction, in thought, of the former object of perception, but also the consciousness of having ourselves perceived the same.” 但在原著中，“复认”实际上是包含“复出”的记忆活动。这一包含关系可能是颜氏如此翻译的原因。

[3]故意追记（recollection），即主动回忆；无意而记（remembrance），即非主动的回忆，如想起某事。

知为某人之姓，而非他人之姓，不过不记是何姓。我若欲追记此姓，必先借与此人有相连之一事为引端而后可。此人或同业中某某，或朋类中某某，是同姓者其某某，我却记。于是借此某某为引端以追记所忘之姓即得之。抑或我不记其姓。只记其姓字之偏旁，于是将同偏旁之诸姓，一一念去即得之[1]。总之，凡已忘之某事，终连及未忘者，我若从未忘者逐节直追，必引出已忘者。若毫无引端，则故意追记无所施用。

（三）有问复认才能使我直知以往之物否。予曰：已往者原与目前之物有异。盖目前之物，我可用五官以达；若已往者，则必委曲以知之。虽如此言，我从追记往事而得之知识，与我五官所达知当前物而得者，全无或异。假如我昨日坐在某桌边，而今日又坐在此。昨日我内悟我在此坐，此刻我亦内悟我在此坐。昨日所内悟者是准，而今日亦然。昨日所内悟者作为昨日所知，今日所内悟者作为今日者知。若复认才能令我记昨日所内悟，则我从此而得之知识，无异于目前所达知而得者。于是以观，我昔所直达而灼知者，可赖复认才以作为今时之所知。

（四）我所达知者，我固信[2]以为实。所记者我亦信之，而视为实在之知识，与显于目前之事物无异。我昔所经历者容或有遗忘，甚至全忘，但我所记清楚者，莫不信为实。凡孩提及心灵稍蔽之人，将目前结想[3]之事误为有过，而今记出，容或[4]有之。若心灵一无所蔽之壮年人，

[1]此处原著用的例子是姓氏的首字母。

[2]信（believe），即相信，此处特指人相信自己的感官。

[3]结想（imagine），即想象。

[4]容或，或许。

则凡所记者，即知为记，而信为实，所结想者，即知为结想，而视为虚。

第四段　复认才之用

我每回记某事，其中有五种必然[1]。一、目前我是生存。二、昔时我是生存。三、昔时我心灵有所作为。四、昔时所思想所达知者，复出于心。五、所复出之事物，我认其为昔时所经历者。

（二）据实在而言，第四第五合而即为记。其余三端是记事之必然。如我记昨日所经历之一事，我目前自然生存，否则无记事之我。昨日我诚生存，否则无经历之我。昨日我心灵终必有所作为，否则无事可记。我昨日所思想所达知者，必复出于心，否则一如未曾想未曾达知。所复出者，我必认为一己所经历过之事，否则只可言达知，言复出，不可言记。

（三）凡人之记事，大有不同。或记之甚多，或甚易于记，或见一事，而容易牵至他事。诸皆因人心灵敏钝不同，亦因人惯于记与否，亦因人之练习其记与否。总之，或一事一物一理，我若知之更透彻更关心，则以后更易记，且更历久不忘。

第五段　复认才与他项才有何联属

人谓记格外便捷者，其他项心灵才必较次，其裁断

[1]必然（condition），即条件。

更较逊。曾见有出奇记之人，竟缺少裁断，其心因未曾琢磨，未曾练习，竟不灵动，竟是呆物，宛如乐器之弦，随风吹以作声。予谓不然。虽呆滞人，或有极好记，然在聪明而琢磨之人，亦断不少此记。尝见智出众之人，皆有记精而久不忘。反以观之，凡无记者，其智亦必平庸。

（二）凡人年老或病，则记必衰。其先忘者，必是人名地名，及时日与物之称。所奇者，物在面前，虽见而知之，则不能记其名。但物不在面前，旁人举其名，则彼即知为某物。予以凡物是实且紧要，名是虚而轻。轻者自较重者先忘。故见轻者，必记尚有意影之重者。见重者，则不能记毫无意影之轻者。

（三）人所记之事不同。有人容易记年月，再有人容易记史上之故事，更有人容易记语句在某章某节，各专其长，而他事全不记及。其故则与上文所言相似。观人各有喜考究[1]，喜思念之事。所喜者，自然常在心目，故后来容易记；其所不喜之他事，则不关心，而自然易忘。

第六段　习练[2]记

记可以磨炼而精，与别才无异。其首务在练用[3]。一如商贾计算之速，乐师按拍之速，亦惟练用而已。其练用法有三：一、每达知一物，每思一念头，总须的确而着实指定其若何，终不可含糊。二、将此事物结联我熟悉之事

[1]考究（investigation），即研究、调查。

[2]习练（cultivation），后常作“培养”。

[3]练用（exercise），后常作“锻炼”“训练”。

物，或结联我已有之意影[1]，俾后来容易被牵引。三、须常常念及，铭勒于中。其第二第三，即前所云连贯回数之多，心动之深。

（二）一事一物一念头，能牵引他事他物他念头，在上文论及。此理人皆知之，故有心人曾用此法以练习记法[2]如左。假如我正在推释几何中之一题，或恰巧眼观一橡树，或闻人唱一调，以后若再推释此题，则终必带记其树或调，而此二物并呈其衷。推而广之，我如欲将本国历代君王[3]之名存于衷，则选可见之物，其数与君王相符，依次排列，譬之井为一，鹅为二，冠为三，将此诸物依次序以存衷，再将此诸王联于此诸物，如迦列第一坐于井旁，迦列第二喂食与鹅，约各[4]以冠冠首等类。若此则诸王与诸物永远并存在衷，且有次序。后来有某物，必牵引某王，而且知为某朝之某代。若用原物次序以记史上之典故及他事物，亦可。此为助记法。

（三）余以此助记法，恐无大用。盖弃其自然相连，自然牵引之法，而用此勉强硬工，未免记失自然之用，无益而有害。且此法未见便宜，因所取之物，先后毫无情理相连，而某王于某物，全不相应，用此法以记必非易。不如将历代君王强记为愈。乃尝见人惯用此法以记事，而称之为美。

---

[1]此处“意影”对应的原文为“ideas and impressions”，即想法与印象。

[2]记法（mnemonics），即西方记忆法。原著称记忆法为“人工记忆”（artificial memory）。

[3]本国历代君王，指的实际是英国国王。

[4]迦列第一、迦列第二和约各分别指查理一世（Charles I，1600—1649）、查理二世（Charles II，1630—1685）和詹姆斯二世（James II，1633—1701）。

（四）凡人用合宜之法以磨炼记，即大得其力。惟各人应自留心，何法与己最为相合为要。总之越用则越见精能，无异别才。古时未行印书法，则人以习练记为务，盖忘之而无书可查。今则有书而惟书是赖。所以古时有记出众之人，今则仅有。

（五）古来记绝等[1]者，各国不少。可略举其名：巴西国王古列[2]能尽识其麾下将士之名；雅典统领地密司都格厘[3]能呼雅典城内二万居民；何等秀[4]在肆上终日见拍卖货物，至晚而能一一记出所卖之货，及买客价银；大英奥斯福书院内有院师华利诗[5]者，一夕睡而不昧，凭空想起一数，计五十三码位[6]，并不用纸笔而得其方根，计二十七码位[7]。迨二旬[8]之后，仍能将原数根数道出；所奇者，是都司格乃公之掌秘书监人，名曼厘庵皮辑[9]，凡人不论

[1]绝等（extraordinary），即出众。

[2]古列（Cyrus），即居鲁士大帝（Cyrus the Great，约前600或前576—前530）。他征服了玛代王国和新巴比伦国，建立了古波斯的阿楔美尼德王朝。巴西即波斯（Persia）。“古列”这一译法见于旧译的《新旧约圣经》。

[3]地密司都格厘（Themistocles），即狄密斯托克利（前525—前460)，古希腊政治家、军事家。

[4] 何等秀（Hortensius），即霍坦修（Quintus Hortalus Hortensius，前114—前50），古罗马演说家和政治家。

[5] 奥斯福（Oxford），即牛津大学。华利诗（Wallis），指约翰·沃利斯（John Wallis，1616—1703），英国数学家，对微积分有卓越贡献。

[6] 五十三码位，即从个位算起，这个数字一共有五十三位。

[7]沃利斯对这个有五十三位的数字开平方，得出一个二十七位的平方根。

[8] 二旬，二十天。

[9] 都司格乃公（Duke of Tuscany），即科西莫三世·德·梅第奇（Cosimo III de' Medici，Grand Duke of Tuscany，1642—1723），托斯卡纳大公。掌秘书监人（librarian），后常作“图书馆管理员”。此处称为图书馆负责人更合适。曼厘庵皮辑（Magliabechi），即马里亚贝基（Antonio Magliabechi，1633—1714），17世纪佛罗伦萨著名学者，藏书家。

以何等题目致问于彼，彼竟能将百余人如何论此题目一一告之，并能说出诸作者之名，及其书名，每书在何卷何页，一一不爽。一日人欲试其奇才，将己所作书稿一本出以相示，随即携去。后数日托言此书已失，故作愁容，询曼厘庵皮辑此书尚能背诵否。彼应曰可，遂将原本写出。其更奇者，能记及藏书之位置。一日都司格乃公询以某部仅见之书，有买处否。彼曰，不能，因天下只此一本，在土国京城[1]秘书监内，进大门傍右手，第七书架，第七位次。

第七段　疾病有害记

脑髓病及年老，令人记衰，致不能记物之称，上已言之。但有若干种病，令记有奇变，是不可解者。有人头颅受伤而向所熟悉数国之方言，竟独忘一国之语。有人但能记虚名，如方圆、大小诸类而不能记实物之称。曾有一医士跌伤后稍愈，能令左右如何疗治己伤，然其有妻有子，则不能记。再有一人，病时昏绝若死，既苏，其平生之事均不记，所识之字尽忘。遂从新再读。迨许久时后，其前所识之字，顿然全记。

（二）再者，人遇病而有与上相反之变。曾有一日耳曼女佣当昏瞀，口中诵臈丁、希利尼[2]、希伯来语。平时未尝闻其念过。及至询问，始知幼时在某主人家，曾听其主日

[1] 土国京城（Constantinople），指当时土耳其首都君士坦丁堡，现作伊斯坦堡。

[2]臈丁（Latin），即拉丁语。“臈”，通“腊”。希利尼，即古希腊语。原著用的词是“Greek”。颜永京用的“希利尼”音译实际是“Hellenics”。此词《新约》中尤其指已经希腊化的犹太人。

日诵此三国之书，彼习闻之，早经遗忘，此时记之。再有寄居美国之以大利[1]人，初生病时只说英国话，继而则说法国话，临危时则说本国话。有美国教士，尝述其教友中有日耳曼及瑞典人临终时，仅说彼等本国语，然在此四五年[2]中，只说美国话，并未说其本国语。似此类者，不知凡几，皆可归于一原。至其原之为何，目下尚未究出。

（三）由以上所言而推可知凡我心灵所经历、所达知、所思想者，虽已似乎遗忘，至后心灵自能复出。纵不能全行复出，总可复出大半。况且所复出者是明而的确，不减于当时所达知、所思想者。人谓恶人死后所受之报应[3]，即是记生前所犯之恶事而惭悚。

（四）凡人当垂暮，总喜忆幼年之事，且所忆者皆明而的确。既如此则平时所行，何可不端趋向[4]？如其人果有德行，暮年忆而得慰，一如太阳西坠，阴翳漫天。我欲达知何物，想何念，固凭我作主。但所记，系牵引而来，非由我自主，所以我本分应慎我所能自主者，庶[5]我所不能自主而复出者，不致使我有所自责。

第八段　记有助人之快乐

记与他才有相关，我上已言之。再于人之快乐有助。

[1]以大利，即意大利。

[2]原著为“五十年”（fifty years）。

[3]报应（future retribution），特指基督教神学的一个概念，指我们的心灵会记下人生前所作的恶，并以此来引起我们内心的痛苦。

[4]何可不端趋向，我们怎么能不端正我们的（行为）趋向？

[5]庶，副词，希望。

目前之事虽有乐于我，总是暂时。记将以往之事存藏衷内，待后任意复出，正似昔年之事，过去而非灭绝。曾有儒士义侔幼时客游东洲[1]，老而瞽，常记昔年之事。其所记甚是清明，宛似画之悬于面前。且述所记，凿凿一如目睹，听之深得其味。

（二）年老人所经历者亦若是。凡老年人往往不关心于眼前，竟若与眼前世界不复相连，而每记昔时之戏玩及伴侣与惯走之路并山水一切。一经记着，犹如返老还童，其中不无快乐。可谓终身宛似一环[2]，从首归于远处。

（三）凡人所记者，总是像当年之光景。虽年时过去，境地变迁，而其事则非改变。譬一慈母，失其三岁之婴孩，后记此子，终是前三岁光景。虽为母者年老一年，萧萧白发，然每年到坟探视，必记婴孩仍为当年病卧在床，而己为悲伤流涕，决不想年时过去，作成人相视。中宵梦见，仍必然此境。

---

[1]义侔（Carsten Niebuhr），后译作卡斯滕·尼泊尔（1733—1815)，德国探险家，曾去埃及、阿拉伯等地探险。东洲，原著所用的词是“Oriental”，即东方。当时的“东方”很多时候指阿拉伯半岛、埃及等中东地区。

[2]一环（circuit），指一个循环。

第二章　论幻像

第一段　幻像之为何

幻像是复呈才之一。幻像之用，是将昔时所达知者，更变原样，呈于心目。与记有分别。盖记是将前所达知者，照样复出。幻像所取之材，却是心灵向所屡见者、屡达知者；而其所幻像，是将屡见屡达知之端，随心所欲，合成一种新奇[1]。一画师将屡次或东或西所见之真山水树木鸟兽鱼虫人物，合成一画。其画之各材，却是实有之物，乃绘出之景是幻像，而非原有。再者，画师当时见鸟兽，终必有相连之地，相值之时，而今用之人画，则特节取鸟兽而撇却原地原时，缀以他地他时。若用言语幻像亦然。此二者即幻。

第二段　幻像与他才有何异同

有问：幻像与记有何分别？予答曰：记是记实有，而幻像是幻出虚像。记凭实事，故其用有限。幻像变化实事，故其用无穷。二者之分，全在于此。再幻像与记却有

---

[1]新奇（ideal），特指想象出来的理念。

同处。盖二者均非以实时感触五官者为事，乃以已往而今为意影[1]者为事。二者皆复呈才，而非呈才。

（二）有问：幻像与达知有何分别？予答曰：达知是将五官所直达之物为事，而幻像则将物之意影为事。所达知者，是在前之实物。所幻像者，是实物意影所结成之新奇。

（三）有问：幻像与思索有何分别？予答曰：思索是将实有之事思索，专求事之真否，求事之相系处系属何理。所专务者，是细审何者为真。若幻像所幻像，非固有之事。苟在合宜之地，相值之时，可以或有[2]。再，思索所推出之终句，是根于先阶[3]，而由先阶推出。若幻像，则所幻出者，与原物无必然之相连。即如吴木尔所作之诗，是取雅基黎之怒[4]为材，而发许多奇异之说，迄今人尚夸美。但溯其所取用之真事，与所咏之幻像，竟无相连。盖雅基黎之怒虽真，并无许多若是之奇异。

（四）有问：幻像与学问有何相关？予答曰：凡有高学问者未必有高幻像。盖所知者是实事，所幻像都是虚像，二者分途。然学问固能扩充心灵，开广心目，加增思索之材；幻像于此亦多所取材。学问之有助于幻像者在此。

（五）幻像与他才有何同异，有何相连？试设一譬以形容之。如我立在窗前望一景致，遥见山岭参天。此达知也。继而转身垂眼，景致仍在心目，宛然如画。此复出才

---

[1]“意影”对应的英文术语并不固定，如此处为“the absent”，特指并不是感官此时此刻所感受的事物。

[2]可以或有（might occur），可能出现。

[3]终句（conclusion），即结论。先阶（premise），即前提。

[4]吴木尔，即荷马（Homer，约前9世纪—前8世纪），古希腊诗人。被认为是《伊利亚特》和《奥德赛》两部史诗的创作者。雅基黎（Achilles），即阿基利斯，《伊利亚特》中半人半神的英雄。《伊利亚特》以阿基利斯之怒开场。

也。若复出之意影，我认其为某处之景致，某时所见，如他时再见，则必知为旧观。此复认才也。我或取景致之一物，如山，照其如此之远，如此之形景，推度其必有若大之地面。此思索也。我或改山之原样，幻像一高于此几倍者，永远雪堆满顶，又有无涯之冰田，从山边渐渐而下，在此在彼，冰块分裂，坍卸压坏村庄。此幻像也。

第三段　幻像以形体之物为本

幻像之幻，其法有二：或以言语，或以图画。我所用以幻像者是谓材。其材是五官所达，即目所见、耳所听之类。若五官不能达者，则无从幻像。盖不能达，则无言语图画可显。故凡无形体之物，及所推度之理、所动之情，皆不用以幻像。

（二）五官中目所见者，最易幻像。或言语，或图画皆可。其次是耳所闻者，如我所闻之人声，及微风大风之声。合而作可以言语幻像，不能显以图画。

第四段　幻像之为才

有问：幻像果任心灵所主否？曾有人言幻像犹之一琴，琴弦被风吹动而发声，不由自主。幻像亦然。幻像无非我所有之物影凭空复出合成新奇，不可列为一才，而以幻像称之。予以幻像却是凭空而来。有如我平日静坐，有诸多影像忽来忽去，非我所主是也。凡我立志以唤出者，我必欲知为何物。至幻像之事，却不能预知。既不能预知，则幻像与否，我自不能主之。

（二）虽如此言，我总不得为幻像竟似琴弦，亦不可谓非才而用时竟无自主。盖均是人也，或多具幻影之能，或少具，故幻像不可不谓心灵才中之一。再者，心灵虽不能立志以幻像何事，然总可立志以幻像，或不幻像。幻像之用，曾有以鸟之飞为比者，予且引而伸之。鸟之飞或东或西，固非预定，然其飞与否，则仍鸟之自主。幻像亦然，中有自主者在。

（三）他才亦莫不然。有如记一种。我不能立志以记何事。盖已知何事，则无烦追记。况且我不知欲记何事，安能立志记其事？然虽如此，我总可立志追记，或不追记。追记中固有自主。记为一才。幻像亦然。

第五段　幻像之用

幻像之用甚大，凡他才皆赖之有色。即如我衷内所存者不过是真物之意影，固无活相，乃赖幻像而似真。即如所记者，赖之而宛成原物。又如我所指望以得者，赖之而似有倍加之趣味。又如我所思索者，赖之而得力。

（二）幻像于辩给士[1]有协助。盖辩给士或劝勉人，或激动人，终必以理导之。但止用理之质言，未免不得力。若辅以烘托之词，则其质言宛有神术，而句句有效。凡辩给士劝勉人，必示人以高不可及之模范，且修饰其言，以形容彼等有可行之力量。但悬立如此之模范，修饰如此之言，必有幻像方可。

（三）幻像有助于细艺学。雕工赖之能将块然之

[1]辩给士（orator），即演说家。

矾石，琢成似有生命之偶像，其丰姿绝世，非见于生人者。昔乐师皮虎文[1]年老而聋，尚能制就奇妙之曲调者，是无非赖幻像而然。昔密尔登[2]老而盲，作诗一篇，名《失安乐园》。诗内所设像之一切，无幻像者不能。余皆准此。凡实事加以幻像，一如峰峦映照朝暾[3]，而显其秀丽。

（四）幻像不独有助于著书者、辩给者及细艺学之人，兼且有助于读书者、听者及赏鉴者。盖彼等或著或言，餙[4]以幻像，则所著所言擅其美且有神气。若听睹者幻像阙如，何能领会其美及神气？

（五）幻像不无疵累[5]。盖幻像出之物本属虚假，如认以为真，则必与我知识，及我所思索者有害，与我平日之行作有误。或将幻像之欢乐，当为真可有之欢乐，幻像之益处，当为真可得之益处，以致逐逐耽耽[6]，枉费于不可得者。抑或将世味之一二，加以幻像之苦色，致视今世尽为忧愁世界。似此者是幻像之误用而有害。予以像之误用不能无，但因其误用之疵累，而弃其正用之有益，则非明达者所为。要惟防其误用耳。盖尽废其用，则断却建德行、益聪明，与夫加欢乐之路。

[1]皮虎文（Beethoven），即贝多芬（Ludwig van Beethoven，1770—1827）。德国著名音乐家，维也纳古典乐派的代表人物。

[2]密尔登（Milton），即弥尔顿（John Milton，1608—1674），英国诗人，《失乐园》（*Paradise Lost*）（即译文中的《失安乐园》）的作者。

[3]朝暾，清晨的阳光。

[4]“餙”，通“饰”。

[5]疵累（error），即误差。

[6]逐逐耽耽，瞪着眼睛逼视而急欲掠夺，形容贪婪地追逐。耽耽，即眈眈，注视的样子。

第六段　习练幻像

或问：幻像以何法习练而能精？予答曰：幻像与他才相同，用之则灵捷，否则呆钝。凡我身上肢体，及心灵诸才，习练之则得力，否则衰弱。外此断无别法。

（二）其习练之法有二：一在自己幻像，创设新奇；一在用功于哲人[1]所幻像而创设者。凡名人之诗赋、歌曲、图画、雕刻，及工师所构造、辩给之士之辞语，其中皆有高妙、隽快、名贵气象。习练幻像者自宜用功于此。盖哲人幻像之所作，必定感动听睹者之幻像。我若读晏士裨[2]或密尔登之诗，或终受感动而随之灵捷。

（三）其最可习练幻像者，即赏鉴天然之事物。赏鉴天然事物有便宜在。盖天之物有大而妙、微而卑者；有奇美而悦目、有可怕而惊人者。其天然之事，气象不一。有时大肆其威，令人战栗。有时和意融融，令人爱慕。且天然事物，种种形色，皆罗列于人之眼前，非似名人著作，或难得见。其欲习练幻像，要皆取助于此。

（四）所谓用心于天然事物，非只赏鉴之而依样葫芦。盖如此便是记，而非幻像。幻像之用，是取材于天然事物而随意集成新奇。夫天然事物能教训我，能引我发他样心思。其睿智者、识美者，皆能取此为用。

（五）幻像之成新奇与记之实叙，予且引诗语以显其文质之别。诗曰："黄昏刻，似鸟飞兮，轻而无声，去无

[1]哲人（highly gifted minds），即有才能的人。

[2]晏士裨（Shakspeare，原著拼法如此），即莎士比亚（William Shakespeare，1564—1616），英国文学史上最著名的戏剧家，也是西方文艺史上最杰出的作家之一。

阻分。万星丽天，万星布海兮。海之有波，呈笑靥兮，向空腾舞，捉住一星兮，抱之怀内。星惊颤而强眠兮。”[1]其诗中命意，不过是黄昏寂静，水面有返照之星光二事。若质言之，惟云黄昏时刻倏然以去，四野悄然而在天之星已显，每个星光，由水返照。乃彼不欲言之无文，故用幻像以修饰，致成绝妙好辞。黄昏时静而过快，彼以鸟之飞空形容之。见水面有星光返照，遂谓海中有星，一如天上之多。见浪凹凸不平，彼遂谓浪面有欢容带笑靥，以形容之。见每浪之跃跃，遂谓浪有爱情发动，情不自忍，而往上抱其所爱之星。见水面动荡，返光熠熠，彼遂谓被抱之星惊而颤。

[1]此为美国女诗人 Amelia Welby（1819—1852）的作品，名为“Twilight At Sea”。原文如下：

“The hours like birds, flew by,
As lightly and as free;
Ten thousand stars were in the sky,
Ten thousand in the sea;
For every wave, with dimpled check,
That leaped upon the air,
Had caught a star in its embrace,
And held it trembling there.”

第三题　思索[1]

[1]思索（reflective power），指人反思的能力。

上二题所论之心灵才，是达知及复呈才。达知是专于达知五官所到之物。复呈才是专于将昔时所达知之物，今不在当前者，呈之心目。然心灵有几许施用，不属该二项之内。我有几许知识，非由此二项而得，乃另由一才。其于上二项才不同，因此才非以在前或不在前之物为工夫。乃专以物之性物之状，及物与之相关处为工夫。不以物作材，乃以物之提挈意影[1]为材。凡心灵之工夫有几许属此。心灵本是纯一，而如此之用，是为思索。

（二）凡于衷者是为意影，心灵能将诸意影，或比较，或视其有何相关。假如有诸物之意影在衷，我即想此较大，彼较小；或此在左，彼在右；或此与彼即分与全[2]，彼与此即全与分；或有物我谓其相似，或有物我谓其相异之类。所想出者非物，不过念头[3]而已。虽属念头，亦存一意影在衷，亦能复出。凡物与物比较，及相关处不一，大要有五，即位置、同异、比例、品类[4]、包含。五者或可一以贯之，曰全与其诸分之相系处[5]。

（三）既物与物相系处，不外乎全与其诸分。则思索之用只有二：或将诸烦碎归为一，称为合杂全[6]者；或将合杂全者分开，得所包括之烦碎。先者是聚诸分以得合，后者是从合而得其分。心灵如此二样工夫，是为汇归与分

[1]此处“意影”原文为“abstract”。

[2]分（part）、全（whole），即部分与整体。

[3]念头（notion），后常译作“概念”“观念”。

[4]品类（degree），即程度。

[5]全与诸分之相系处（the relation of a whole to its parts），原著中即指上句中的包含关系（comprehension）。

[6]烦碎（part），即指整体中所包含的部分，在这里没有贬义。合杂全，指复杂的，可以被进一步解析的复杂概念，海文用的术语通常是“complex”。

核。汇归之逐节，系提挈归公、分部类、裁断。分核之工夫[1]，有分物影，有辩实。下文一一详之。

[1]见下文。

第一章　论汇归[1]

第一段　汇归为何

我细察心灵内所有之物意影[2]，即知若许物之意影，是错杂不纯，每物之各事各存意影在衷。我统计诸事之意影，始有全物之意影矣。譬如我前见一台一椅时，即留一意影在衷。留意影而我知椅台之为何物。究台子之意影，是包括数烦碎之意影。即如其式，其大小，其材料，其色，其硬，其份两[3]，其用诸事，各有意影。我统计数烦碎之意影，则是台子之意影。

（二）我初时以五官达知台子，凡此数烦碎，并非同时达知，亦非一官所达知。即如看，令我知其式与颜色。摸，令我知其撑迭，及硬与光滑之类。遇相敌[4]，则知其

[1]汇归，上文有所提及，即“generalization”，现代汉语常作“概括”。海文这里用的另外一个术语是“synthetic process”，即对事物进行综合的过程。

[2]此处“意影”对应的原文为“notions or conceptions”，即观念。颜永京用“意影”一词来翻译海文的“抽象”（abstract）、“观念”（notion），甚至是心灵的“对象”（object）。因此，颜永京似乎用“意影”这一词统摄客观事物在心灵中的反映。

[3]式（form），即形式，样子。份两（weight），即分量，指重量。

[4]遇相敌（muscular resistance），直译为“肌肉阻碍”，即我们在搬起桌子时其重量所产生的阻力。

有份两。余事推类。诸官所得之诸烦碎，再合而一之，即达知其为台子。凡此数烦碎各留一意影于衷。若我将数烦碎之意影合而思之，则有台子之意影。

（三）我若细心内观，则知我所有之若许意影，非属于一物，乃属于多物，此为归公意影[1]。我如何得归公意影，予且详之。我达知一物，是达知物之数端，且逐一达知，非同时达知。故后来我复出物之意影，亦可复出不论何一意影。譬如一桃花，我或可复出其貌是桃红，余外诸端，或式样、大小、香，皆可不理。

（四）假如别有花呈于我前，其貌相似。既而我见别物，如马、绸、布、粉，亦相似。我初有之桃红，惟一桃花特有之色。今多许物是桃红，所以我将桃红从诸桃红物提出，作为提挈归公意影[2]。以后可以顾色而不顾诸物。意影者，盖虽无桃红物在前，我有桃红色之意影在衷。提挈者，盖桃红已从诸物提出为虚位[3]。归公，盖桃红非属一物，乃属诸物。心灵如此作为，是为提挈归公。又如我见直角三角形，既而我见钝角三角形、锐角三角形、平边三角形，及两边等三角形[4]。诸许形各另有特样，我姑不理，只理其形之有三角。所以我将三角形，从诸许形提出，我遂有三角形之提挈归公意影。再者，所有一切公称，即如人、兽、德、艳丽等，起初皆是彷此法而得。若

[1]归公意影（general conception），即一般概念。

[2]提挈（abstraction），把某一观念从事物中抽象出来。提挈归公意影，前两词皆作动词，即将某一“意影”抽象、总结出来。

[3]虚位，意谓粉红这一属性此时已经独立出来，不属于任何具体事物。

[4]平边三角形（equilateral triangle），即等边三角形。两边等三角形（isosceles triangle），即等腰三角形。

此者，皆是提挈归公意影。

（五）所谓分部类[1]者，其理与提挈归公相似。假令数物在前，我见其相异固有若干处，乃见其同则有一处。我遂凭此一同处，将此数物聚为一部一类，其相异处我姑不理。凡分部类，终凭一同处，其同处即提挈归公意影。所以我每将物并为一部一类，此工夫中我即已提挈一归公意影矣。设有金、石、木、冰等物在前，我见其彼此相异有若许处，如大小、轻重、香味、颜色、冷热等，而其相同乃有一处，定质[2]是也。我遂称此诸物及一切相似之他物为定质。而统归于定质部。定质之称，是从诸物提出，所以我将此诸物归于一部。我同时已提出一归公意影矣。

（六）凡将相似之物归部类，是人所惯做。最要者是用之于格致学。盖此学皆专于察事物，及事物显然之形用，求其相似相关之处，取其同处而分部类。凡许多物之称谓，皆是部类之称谓。假"台椅"二字，非某一台某一椅之称，乃众台众椅同类物之公称。设使每台每椅各有特称，岂不累坠[3]乎？至一切形容言类[4]，亦物相似形性之公称[5]。假若"好"之一字，是一切佳物之公称，即如好马、好牛、好羊等类。若各物之佳处，各用一字以称之，岂不琐碎乎？

（七）国民之未得文化，无异人在幼年。国民初无文化，遇物模糊，凡有大叚相似之物则混为一等，其紧要

[1]分部类（classification），即分类。

[2]定质，可能指固体。这里颜永京用的例子与海文不同。

[3]累坠，即累赘。

[4]形容言类（adjective），即形容词。

[5]公称（general norm），指泛称。

细微相似之处则不理。迨后见识广阔，则在前模糊时所作者，从新检点的确，从新分列。于是有部，有类，有族[1]，有种，有名目。

（八）前者各学士所著之格致书亦未的实；近今智能益启，游览既广，见识愈周，故所著益加精密。即人一端，其先不异，有直发而紫铜色皮肤者，有卷发而黑色皮肤者，再有他色发肤者。于是分列诸国人，为高嘎西亚族、蒙古利族、内革啰族、玛电族、印第安族[2]。每族之人另有异处，故重分若干种。格致学中始有人类学。

（九）凡著作走兽学者亦若是。其先不过照诸兽大叚相似合为一类，称为四足类。既而见其彼此有异，故重分曰食肉族，曰转刍族，曰咬嚼族，曰厚皮族，曰无齿族，曰食飞虫族，曰乳哺海兽族[3]。后则见每族中彼此有相异，故重分为若干种。格致学中始有走兽学焉。再者，人类虽与兽类殊，然其中尚有相似处，即乳哺是也。于是将乳哺包括人与兽，而称此二者为乳哺部。凡他活物皆可列为部为类，为族，为种[4]。植物金石亦然。

（十）不论人与兽，或植物，或金石，如将其部类、族种分得周全，有条理，必须见识广阔，更须精于分部类

---

[1]族，指种族。

[2]高嘎西亚族（Caucasian），即高加索人，指白种人。蒙古利族，原文亦未提及，对应的英文应该是“Mongoloid”。内革啰族（Negro），指黑人。玛电族，原著未提及，应该指马来人（Malayan）。印第安族（Indian），指美国土著。

[3]海文原文只提到食肉族（carnivora）和咬嚼族（rodentia），即啮齿类。转刍，即反刍。

[4]类（class）、族（order）、种（species），即后来的纲、目、种。

之功夫。史多华[1]谓太平洋有岛夷，所见只猪与山羊。有一次人以牛示之，彼即谓此是羊类也。恐人不论见识若何，终是有限，故难免有似此之模糊。

（十一）凡格致学皆以分部类之功夫为要。盖天然之物，非依部类、族种显示我前，乃是错综呈出。若我心灵无分部之工夫，不能从诸物提出相似之处，照之归为一等，则每物涣散。凡用心者必须逐件考究，费心无穷矣。

（十二）有谓我终不能将物之内性外状从物提出，我想其性状，必定兼想其物，故所谓提挈归公意影，是不可得。譬如上所云之三角形，非从直角三角形中提出，乃即是其物。我将钝锐等形归于一部者，是因为皆似彼物有三角。又如兽非是从某畜提出，乃即是某畜。我将诸畜归于兽族，是因为皆似某畜。若将某物某兽作为发凡起例[2]则可；若谓三角形与兽，竟不指点某三角形某兽，乃是提挈归公意影则不可。予答曰：此却不然。即如兽一节，我每回用“兽”字，固非指点某畜，或牛，或羊。再如三角形一节。我每回用“三角形”字，固非指点某三角形，或钝，或锐。又如人一节，我每回思及人，固非指点某人，或甲，或乙。余以兽与牛马意义攸殊，兽是提挈归公意影，兽是虚位，牛马是实而归于兽类者。三角形之于钝锐，人之于甲乙，亦同。再观各国之言语中，自有此等提挈称谓。人皆知其意义，皆知其虚位，与实物攸殊。此是提挈归公意影可有之据。

[1]史多华（Stewart），即斯图尔特（Dugald Stewart，1753—1828），苏格兰常识学派哲学家之一。是海文书中常引用的人之一。

[2]发凡起例（representation），指某类事物或概念的代表。

（十三）彼所云提挈归公意影，是指点某物。余物归于同等是因为相似某物之故。即如人与兽，非提挈归公意影，乃指点或甲，或乙，或牛，或马。我将凡为人、凡为畜归于人类、兽类者，是因为与甲乙、牛马相似之故。予姑就其所云证其非。凡欲将诸人归于甲类者，必须先提出诸人与甲相似处而后可归，否则无可归处。若无可归处，则甲独立，不可发凡起例。然提出诸人与甲相似处，即得提挈归公意影，我以必先有提挈归公意影，然后可将甲发凡起例。

（十四）再者，言语中有几许公称，固非指点某某，即如德、过、知识、智能、真实、空隙[1]之类。我每思德或过，固非思及某善事、某恶事，德与过是提挈归公意影，统一切善行恶行。我每思及知识或真实，固非指点某知识、某真实，亦提挈归公意影，统一切知识及真实。

第二段　汇归续论

至提一物之烦碎为提挈，讲究心灵学者，为解不一。欧亨[2]云：假如我见一物，其物性与状，及小件，总有若许，合而计之，即是其物。我固可专心于诸等之一，而暂舍其余，所想者，只此一，而所存之意影亦只此一。彼以心灵若此之用。是为提挈。

---

[1]过（vice），原文术语不简单指过错，而是指由道德上的弱点而导致的“恶”。空隙（space），即空间。

[2]欧亨（Upham），即托马斯·厄本（Thomas Upham，1799—1872），美国哲学家、诗人、教育家。著有两册本《心理哲学》（*Mental Philosophy. Vol. 1. The Intellect, Mental Philosophy Vol.2. The Sensibilities, and Will*）。

（二）余以若此之用为提挈为不然。盖我想及一书之面，一刀之柄，而不想及书与刀之余外诸烦碎，此不过心灵专想其一。我虽未想及全书、全刀，却仍视此一烦碎为书、刀之一，未曾将此一烦碎从书、刀中提出，未曾想及只此一端而全弃其书与刀。如此做法，是提挈工夫未曾做尽。

（三）提挈者即是从一物中提烦碎为提挈之功夫。假如一红花在我面前，先时想及者只一花之红，既而见许多同色之物，我遂将此红从一花中提出，不视为花之红，亦非此物彼物之红，乃视为提挈之红。若此之红，故不可指为实，乃是意影存于心，而我只能想之耳。

（四）分部类[1]之用稍异。约有二。予以喻言分别之。假如红色一提挈归公意影，我将所有红色之物，如红马、红花、红书、红台等，归于红色类。但是我如此之归，只凭外貌之红色，不问其物之类与不类。再者，假如提挈归公意影是转刍，我将所有转刍之物，如黄牛、棉羊、山羊、鹿、骆驼、支拉夫，归于转刍类。我如此之归，是凭其类。先者称为归貌部，后者称为归类部[2]。汇归是总此二者。

（五）凡分部类功夫，总有裁断相辅。盖既得提挈意影，我尚须将所达知之物，及思想之事，断归于此，或断归于彼，万不能妄行。假如一植物学士，遇见一新样之

---

[1]这里讲“分部类”（分类）的两种形式。

[2]归貌部（classification）、归类部（generalization），这里海文实际是要区分两个概念，即classification（分类）和generalization（概括）。颜永京本来是将这两个词分别译为“分部类”和“汇归”的。这里用了另外两词来突出原著两个概念的区别。

树，先须将植物各部各类细心阅过，然后将所见之新树，照其内性外状，归于某部某类某种，不归于他。又如一禽学之士，遇一新鸟亦然。此二者莫不裁断而行，不论何项汇归工夫，总有此裁断在。

（六）我日日所经历所思想者多，故我所现有之提挈意影亦多。每见新事新物，我必定比较，视其与某意影合与不合。若合，即归于某意影而不归于他。再我每遇见新事物，而谓其与前所经历之某事物相仿，此无非是汇归工夫，兼有裁断在。

（七）有谓提挈有特用，固当各立为一才。予答曰：毋庸另立。盖提挈者，提出一物之一烦碎为提挈意影，以作公称。如我不欲求公称，则我自然不提挈矣。由是以观，提挈者非独用，乃汇归功夫之一节。

第二章　论分核[1]

引　端

上章所论之思索，是为汇归。其用是将诸物比较，从其相似处而得其提挈归公意影，照物之异同处，列为同部同类。若我反用其法，将公同者分之，是为分核。计分两类，曰分意影，曰分表句[2]。其用有殊，其理则一。先者以物之意影与物性状之意影为事，后者以表句为事。

第一段　分核之用

我前言凡台子有式、大小、分两、色、硬等类数烦碎，统其烦碎是台子之为台子。我或思及一台子，必须思及一切烦碎，始得台子之意影，故谓台子是合杂全之物[3]。设有人未见过台子，而以台子问我。我则将诸烦碎告之，即如台是一物，若何用处，或圆，或方，如此长

---

[1]分核（reasoning），上文已经提及，指推理。颜永京的翻译是意译，旨在指出推理过程中对概念（尤其是包含很多概念的事物）的离析。此外，与前页不同，此处章标题与上板框之间没有空格。

[2]分意影、分表句，见下文。

[3]合杂全之物（complex notion），即复杂概念。

阔，如彼材料，若何颜色，几多小件，有何样。问者听此数烦碎，统以计之，则有台子之意影。

（二）假如我云：台子是圆。其台子之意影原是合杂全，此句内我分台子之诸烦碎而取其一以为言。我云台子是圆，我不过言台之全与一烦碎有相系而已。我分台子之诸烦碎而取其一，是谓分物影[1]。其台之全与一烦碎有相系之谓，是谓一表句[2]。凡人每说一表句，句中却隐分物影之工夫[3]。盖表句者，即物之全与一烦碎联合以成。譬如我说雪是白，雪本是合杂全，其烦碎是多。我此句内是分雪之诸烦碎，而不过取其一，即白，作雪之一表题。所以我说雪是白，其中虽未曾明明将合杂全分核，而工夫却隐在其中。

（三）分核之深者，是谓辨实[4]。辨实者，是将表句连接，连接中自有分核工夫在。凡一表句亦有烦碎，犹一物之有者，如我言人类不能长活一表句。人系合杂全。我分人所具之诸烦碎，得不能长活一端，而取之以为人之一表题。再观人类非独是合杂全，亦是提挈归公意影之称。我遂分人类所统之众人而得一人，曰某甲。于是我云甲是人。凡部类之表题，即为该部类所统者之表题。所以人类之表题即是甲之表题明。于是我即得甲不能长活一句。我从人类分出二烦碎，曰不能长活，曰某甲。我将所得之二烦碎之意义比较，则知上句包含下句。上句为全，下句为

[1]分物影（virtual analysis），现在被译作“虚拟分析”，即对事物所包含的概念进行分析。

[2]表句（proposition），即命题。

[3]此句是说，当人提出一命题时，实际已经隐含地将复杂概念离析了。

[4]辨实（analysis），即分析，指对概念的分解和合并。

分。上句之于下句，是全之于其分，此为辨实。其与分核一物无异，不过有深浅而已。

（四）凡辨实有二法：一曰推出辨实，一曰引进辨实[1]。至推出辨实，系用屑录集成格式[2]为助。屑录集成所靠为助者，即部类之表题。为该部类所统者之标题。而此即是分核工夫。上已言之，假如我有如此如此之语形容某部类，而我固知该部类。系统某一项，或几许项，则我所形容某部类，亦必形容某一项。如是作为，我不过由全而至其分，析全而得其分。既推出辨实，皆可照格式而描出，则皆是分核工夫。

（五）有谓引进辨实[3]，与推出辨实相反。盖后者系从全而至其分，而先者乃从分而至其全。假如我见羊类中，有若许头系转刍，既而屡验别羊亦然。我遂从已见之若许头，引知凡羊类皆是转刍。继则我见他兽亦是转刍，况每转刍之兽，必有角而分蹄[4]。二者终是相连。见其此必知其彼。我于是得一结句，曰：凡一切兽有角而分蹄者，皆是转刍。观此结句之意义，固广于先得之语句。既较广，则我岂可言其从先阶[5]而分出者耶？由此以观，若谓引进辨实是汇归则可，谓是分核则不可。

（六）予答曰：泛观之，其言似属近理，切究之则

---

[1]推出辨实（deductive reasoning），即演绎推理。如颜永京所译，“辨实”（analysis）和“分核”（reasoning）没有本质的不同，因此这里虽然原文是“reasoning”，颜氏用的词却是“辨实”。引进辨实见下段。

[2]屑录集成格式（syllogism），即三段论。

[3]引进辨实（inductive reasoning），即归纳推理。

[4]分蹄（cloven-hoof），即偶蹄。

[5]先阶，上文有所提及，即前提。这里是说在归纳推理中，结论所涵盖的事物总是较其前提广。

非。上结句内云：凡一切有角分蹄之兽皆是转刍。若询我何从知之，我必曰：是从我所见之数头知之，余无据。若我所见者不堪为凭，则所引以知者，固非的实；若堪为凭，则所引以知者，自必先蕴于数头中而后分出。我故云：引进辨实亦是分核[1]。

第二段　辨实之分别

辨实者是辨事物以得其实。凡事物之实有二：曰必然之实，曰两可之实[2]。两直线不能围一形，及全大于其分，是必然之实。地乃扁球，其轨道乃椭圆，有一月环绕诸类，是两可之实。

（二）有谓必然与两可之实所分别处，是否先者之实确于后者之实。予曰不然。观必然之实，我万不能想其非实；两可之实，我或能想其非实：所分别者在此。譬如三乘三得九是实，该撒[3]侵大英亦实。不可谓先者之实较确于后。但先者之实是为必然之实。盖云三乘三非九是背理，故万不能想其非实。后者之实是为两可之实，盖云该撒侵大英系或无之事，不为背理，故固可想其非实。先者亦称为永远之实，盖永远不可改故耳。后者非永远之实，盖其真假专赖人故耳。

（三）既事物之实，有必然与两可之别，则辨事物以得

[1]本段是证明归纳推理和演绎推理一样，都是将某一概念离析出来。

[2]必然之实（necessary），即必然。两可之实（contingent），即非必然。这里非必然并不指偶然。

[3]该撒（Caesar），即恺撒（Gaius Julius Caesar，前102或前100—前44）。罗马共和国末期军事统帅，公元前44年被人暗杀。

其实，其工夫亦有二：予以必然之实，可以立时指明；两可之实，必须用可信据证明。辨实工夫，我称其一为指示据辨实，一为可信据辨实[1]。我如此分别，非谓用可信据辨实所得之实，不如用指示据所得之实。所得皆实，不过取径有不同。假如一城名罗马，及三角形之三个角，合之则等于两直角，皆是实，然而取法以辨其实，则各异其途。

（四）凡指示据辨实，是用必然之实为事。其工夫非以物为事，乃以物之连属为事，及物之提挈意影为事。所以其用不广。其大半之用系以算学之实为事。

（五）凡辨必然之实，其所专赖之凭据，系无浅深之分别。假如辨算学之实，其法是步步进前，所得之每步，必出于前步，而不能不出者。每步由来之所以然，是有凭据在。而各步之凭据皆一般的实，无浅深之别。若可信据辨实所用之凭据则有深浅之别。

（六）指示据辨实之法有二：一为直径，一为委曲[2]。假如我欲辨明两个三角形之相等与否，我或可将此加于彼之上，于是显其为相等。我或可设想其不相等，旋即显出若不相等必有矛盾在，于是委曲而显其相等。

（七）有问：何以指示据辨实，较可信据辨实更为着力；何以彼所得之实，不容我不信以为实，而此所得之实则不然？史多华云：指示据辨实系以界为始基[3]，其界由

---

[1]指示据辨实（demonstration），即证明，尤其是数学上常说的验证。可信据辨实（probable or moral reasoning），见下文。

[2]直径（directly）、委曲（indirectly），即直接与间接。

[3]界（definition），即定义。始基（first principles），指前提假设。这句是说此种推理以所定义的前提假设为材料进而进行推理。海文用的术语是“pure hypothetical”，即纯假设的。

我所设。既设则成一定，从此始基前推，则后步必出于先步。若可信据辨实，是将经历之事为始基，而经历之事非一定。我苟将经历之事为一定，则亦与指示据辨实不异。予曰：此言是也。由此以观，则指示据辨实较可信据辨实无所轻重。上所云必然之实，其必然者无非有界在先，而界由我所设，从此界起步，则其实必定得。若两可之实，亦能有界在先，而界由我所设，则其实亦必定得。

（八）引端内言，指示据辨实与可信据辨实所得皆实，不过取径不同。假如三乘三为九是实，该撒侵大英亦是实，但欲证二者为实，其辨明之法自异。盖该撒侵大英是史记上一故事，若想其为未经有，亦无不可[1]。

（九）可信据辨实所专赖之凭据，由三途而得：曰证词，曰经历，曰形势相似[2]。一一详之。

（十）凡人皆信他人言语，此是生而然者。及后被人欺诈，始知人言有不可信。即如小孩总是信人之言，若成人后，经历世事多，则不肯轻信，多怀疑，多警备。儒士理德[3]云：凡证词之可信与否，不在证者之品性。假令其人无欺骗之私心[4]，有说正言之缘由，抑其所证之事，个中自有可信处，终始相符，且与旁据相合，即其人品性平常，我固可信其事。

[1]在这里，海文的原意并不是说某件事（如西泽侵略英国）是事实，而是说这件事的发生是肯定的（certain）。换句话说，这里讨论的是确定性和可能性的问题。

[2]证词（testimony），现代汉语中也称证言。经历（experience），即经验。形势相似（analogy），则是指类推。

[3]理德，即托马斯·里德（Thomas Reid，1710—1796），苏格兰常识学派的奠基者。海文在原著中多次引用他的言论，我们在上文中也时有所见，只是颜永京并不常译出人名。

[4]欺骗之私心（motive for deception），欺骗的动机。

（十一）有问：信人证词有限制否？假如证人多，其品性均佳，言语间彼此无所矛盾，各无欺骗私心，所证事确凿仔细，始末相符，然而似有不可信处，我亦应信之否？予答曰：自然信之。盖凡人之为人，是不可不如此[1]。我苟信之，旁人亦不可谓我非理[2]。有一著名之算学士云：如有证人多，证不约而同，虽所言不论何等奇异而似不可信，但言其人之证词是假而不足据，较之言其事之不可有，更为非理[3]。证人愈多，则愈为非理[4]。有问：设有多人素有诚实之名，不谋而共证一事，所述者大概相同。即如在某日某时，见一火球，或一光辉之天使，悬飞空中。若此奇诞，我应信之否？予答曰：不可不信。盖不信即非理。如其人毫无欺骗之因，非昏懵之辈容易受人愚弄，兼有旁据相凑，我更应信之。如证人多，则其不约而同谎之奇，必甚于奇事之奇。是信奇事为真固易，而信证词为假难。犹太人证耶稣奇迹正是类此[5]。

（十二）证词有假与误[6]。证人有有意骗人，与自己被人欺骗之分。假如上所言火球与天使，其人或系看错，其病在于看错，非在于欺骗。宛如一不知光学者，见木棍半段在水，遂谓其棍是曲而告之他人。若此者，我谓其裁断有差则可，谓其欺骗则不可。由是以观，证人虽诚实，

[1]盖凡人之为人，是不可不如此，原文意谓我们被造就（constituted）成这样（即相信人的证词），这是我们的天性（nature）。

[2]非理（irrational），即非理性。

[3]上两句指当很多人不约而同地谈论某件罕见的事物时，这些人错误的可能性小于这个罕见事物发生的可能性。

[4]这句是说，证人越多，否定这件事就越没有道理。

[5]耶稣奇迹，海文原文为“Saviour' s miracles”。

[6]假（falsity）、误（incorrectness），前者是相对于真的假，后者指错误。

所告者彼虽自信为实，须询其果然看准与否，彼之裁断果然不误否，是真不被人愚弄否。如询得其或是或否，则即知其事之可信与不可信。

（十三）凡辨事物之实，其取凭据之第二途是经历。此等辨实法又称引进辨实。其法系将所经历之几许事，引至一总理。假如琐格底、贝雷多[1]、该撒及许多人，均是不能常活。我即从彼数人之事，引得一总理，曰人类皆是如此。所云琐格底等不能常活者，是因彼等皆已去世，而人人知其事故也。由是以观，引进辨实是将所经历所见闻者为引导。既知经历者为实，我从此引知，凡我所未曾经历，未曾见闻者亦必是实。

（十四）引进辨实是赖天然事物之常为基[2]。夫天然事物是常而不改。苟无其常，则身所经历者无加于知识。若问人何以知其有常，则言者有二：或曰此是生而知者[3]，或曰是经历而知者。予姑置勿论。惟言人皆知事物之固有常。凡取经历为凭据以辨事之实者，皆赖事物之常为基。

（十五）谓天然事物有常者，非谓将来之事，一如今日之事。乃谓未知之事，一如已知之事，于时候竟无相涉[4]。所云未知之事，即指点或已过，或现时，或后来[5]。

---

[1]琐格底，即苏格拉底（Socrates，前470—前399）；贝雷多，即柏拉图（Plato，前427—前347）。二人是古希腊著名哲学家，也是奠定西方哲学传统的人。

[2]天然事物之常（uniformity of nature），指自然界的一致性，恒常性。基（groundwork），即基础。

[3]生而知者（intuitive），即直觉的，指人类天生就被赋有的感觉。这里天生而知和经历而知暗指观念论和经验论这两大流派的观点。

[4]前两句意谓：所谓自然界的恒常性，并非指将来所发生的事情和现在所发生的事情一样，而是指未知事物发生发展与已知事物相同，与时间无关。

[5]此句意谓，未知的事指过去、现在或将来的事情。

（十六）有问：天然事物之常可靠否？假如我经历某事五次、十次，甚至五十次，而每次固实，岂必永远是实？予答曰：人凭经历行事，终以天然事物有常，且终靠其常以行事。

（十七）暹罗国[1]地居赤道，人民未知寒冻，故彼谓水终是水，不能坚凝如石。又有亚非利加[2]内地之居民，只见其本国黑人，故彼以人类中无白色者。有谓如此引得之总理，可为的确否？予曰：否。彼二国人之经历不广，致引进辨实所赖之根基不阔，故有此误。凡人不论何事，不可以未曾见而遂推之为无。至亚非利加人，只见其本国人民，在他国之有别类者尚未见过，故照引进辨实之正法，彼应言亚非利加内地居民，我已见过无数，均系黑色。我凭此而引知，凡在此内地之拢总[3]土人是黑色。若言人类中无白色，则不应。由此以观，凡总理用引进辨实以得者，有阔有狭，是依经历之多少耳。

（十八）形势相似，是取据之第三途。形势相似之意义，予用譬喻以详之。有甲于几许事端[4]内却似乙。我推度其于别一端内，亦必似之。如甲与乙相似之端愈多，则所推求别一端之相似愈可信。如甲乙相似之端，十居其九，则所推求余外一端之相似绝无疑矣。此样推求，与引进辨实有异。假如甲于若干性状内却似乙，但若干性状必带他性状，所以甲于他性状，亦必与乙相似。若此者是为引进辨实。

---

[1]暹罗国（Siam），泰国的旧称。

[2]亚非利加（Africa），即非洲。

[3]拢总，所有、全部。

[4]几许事端（certain aspects），指在某些方面。

（十九）有格致学士名牛登，见金刚石有折光[1]之力，继则见凡可毁[2]之物亦若是。于是测金刚石亦必可毁，而诚如此。彼再见水亦能折光，故测水必含一可毁之原质，而诚若是，即养气[3]是也。此二者是谓形势相似之辨实。

（二十）我用此法，可以测月必有活物在上。地球上之陆地与水与空气，皆多活物。我观月与地球竟有许多相似之端，即如两皆球形，皆行动，皆与太阳有相关相连处，皆不透光，皆有火山等类。于是我测月必有活物在上，与地球同。而所测者，自可信以为实。

（廿一）反是以言，若二物不相似处是多，则余外一端不相似处更不可信。假如月无空气，无云，故无水。但在地球，其空气与水，是活物所必需，由是而测月必无活物，即有活物，必与地球上所有者不同类。回念[4]月与地球有若许相似处，我故测其有活物，与地球无异。今观月与地球有若干不相似处，我故测其必无活物。据此以观，其相似与不相似处，竟有显为抵消，而我所求月之有无活物，竟无捉摸。我将何术以处之？

（廿二）予以二物有若干相似，再有若干不相似处，我若测二物于他一端上是否相似，即当将此二项，权其轻重而定之。假如一国未有人至，则自然无从用形势相似以测。倘后有人经历其地，见其与本国相似有四端，而相异者只有一端。若欲测其与本国于他一端上相似否，我谓可

[1]折光（refractive），也称折射。

[2]可毁（combustible），可燃。

[3]养气，指氧。

[4]回念，即回想。

信其相似处有五之四，不信其相似处有五之一。

（廿三）形势相似辨实工夫，不过令人进步试验，进步追求。夫二物我固可从相似处，测我所欲知他一端之相似与否。至已知之相似，无论如何细微，固可启一路径，令我从此进步，或可得他一端之实际，即使不得实际，亦可得有头绪。若二物无丝毫相似之形迹，则路径自然无多。多士华[1]云：凡人平常行事，皆赖形势相似之辨实以定物之真与否，事之有与无。况我所定者，我终信以为实，与从证词所得者无异。

（廿四）予以形势相似辨实，难免不引错[2]。因二物有若干相似处，未必余一端亦相似。故此法之大用，不过用以答他人之驳斥，而非用以定事之有无、物之真伪。若用为护卫我所言则可，用为对敌他人所言则不可。若照正用以用之，且能善用，则此法甚为有力。

第三段　立希卜梯西以助辨实

希卜梯西[3]者，希利尼文字，即衬托之意。凡借此为用者，是因物无基可立，暂立西卜梯西以托之，再试验其基之可用与否。假有如许显然形用[4]，我不知其形用之所以然，亦不知此形用与彼形用有联属与否，我遂设一希卜梯西以解其所以然。

---

[1]多士华，上文译作史多华，即苏格兰常识学派哲学家斯图尔特。

[2]引错（mislead），即误导。

[3]希卜梯西（原著引古希腊文：ὑπόθεσι¿, hupóthesis; 英语为hypothesis），即假设。在古希腊文中，hupóthesis字面意思为“放在下面的”，引申为奠基、基础。这是目前为止颜永京唯一一个用纯音译来翻译的术语。

[4]形用（phenomenon），即现象。

（二）至希卜梯西初是空悬[1]而非的实。试观一物，必有几许显然形用，而其形用，总能以总理释之。如其显然之形用，只能以此希卜梯西托之，不能以他托之，则此希卜梯西是由悬空而稍得其着落。如光一端，我只见其显然之形用，不知光之为何。今有格致学士云，有一微气名以透，充满空气中，以透[2]动荡是为光。但此说不过是虚设，未可为实。然若无他项情理解释光，则此格致学士所悬设者即略有着落。

（三）理德云：希卜梯西用于格致学，无甚大益，盖不能使我得实际之根底故耳。予谓不然。从古至今，凡所得之大理，初时皆是希卜梯西，即如古彼呢哥[3]所查出地球于自己轴上旋转一事，先时亦不过希卜梯西而已。又如欸勃娄查出行星轨道乃椭圆一事，先时亦然。况彼臆猜一十几样希卜梯西皆不配，直至二十次方得配合。其配合者，即成实理。既而彼从此以推，又查出他理，即诸行星走轨道于一样时日[4]，走有迟速，路有长短，然而轨道与椭径合成之面皆相等。又如牛登查出太阳与诸行星皆借吸力以成太阳苍穹[5]。彼所以能查出者，固凭前所得吸力是照远近路成方减少之理，而此理始则系希卜梯西。及至后来与欸勃娄所查出之一样时日，走一样面之理参算，而始

[1]空悬（conjectural），指假设的理论属于推测，本身并不一定是事实。

[2]以透，即以太（Luniniferous aether）。以太是亚里士多德设想的一种普遍存在的元素。这一假说随后被牛顿等物理学家接受来解释某些物理现象。如这里提到的就是牛顿的以太震动说。当然，以太假说现在已经被主流科学摒弃了。这个例子未见于海文的原文中。

[3]古彼呢哥，颜永京之前翻译为古比尼哥，即哥白尼。

[4]时日，即时间。

[5]吸力（gravity），即引力。太阳苍穹（solar system），指太阳系。

成实理。由此以观，欬勃娄所查出者，初系希卜梯西，继而成实理。牛登所查出者先亦然，后得其实者，是靠托欬勃娄之先为希卜梯西，后为实理，非有他道也。

（四）凡希卜梯西原是悬设。或有因[1]而设，或无因而设。我取之以解释我所见闻。如我所设者堪以解释诸项见闻，则成为实理。既得其理，而我见他项显然形用，似与此理相贯，我即用此解释之。格致学士辨实事物，皆用希卜梯西为快捷方式，以得其究竟。假如太阳苍穹之所以成者，系借一力。若天文士必欲得实阶[2]以考验力之是否吸力，则竟有难处。盖事在杳冥，而我所经历者不多，故无从捏手[3]。此际若天文士取希卜梯西以代引进辨实之法，则大得帮助，彼已知凡在地面之物，其吸力与路程是成方倒比[4]，遂立此为天文之系卜梯西，而悬拟太阳与诸行星亦借吸力以成苍穹，及后果得其实。

（五）凡人无论辨实何事，皆可取希卜梯西为助。但可以试验之处，我必须多方试验。苟无别基可配，则所立者可作准。然亦有无可试验者。即如天文一事，或不借吸力而借他力，吾则无处查考。故虽吸力可以解释太阳苍穹之所以成，而究竟苍穹之力即是吸力，不得确知。其希卜梯西之可以试验者，固属不少。凡我欲考察者有二种。或物有某显然形用，而我欲考有何因感使之然。抑或既知其因感而欲考因感之如何行法。若用希卜梯西以助先者，似

[1]因，这里对应的原文是“evidence”，即证据。

[2]实阶，指具体的观察、证据等。

[3]无从捏手，即无从下手。

[4]方，即平方。倒比（inversely），即成反比。这里是说重力与距离的平方成反比。

难试验。若用之以助后者，则可以试验。

（六）密尔[1]云：格致学中所有之大理，其始皆是悬拟，皆是希卜梯西。我所见闻皆错杂而浑乱，若欲寻出所以然之头绪，则非易易。其寻之之法如下。我先设一希卜梯西，似与所见闻相合者。再将此希卜梯西试验，视其有何效。继将其效与前所见闻者试配，考其对合与否。若不对，则将所设者重新检点。我所设者惟简便者为善，盖简便者容易试验。我将此简便者逐渐较正，迨较出与前所见闻者适相对合之希卜梯西则已。犹如一已过之事，我听见证词几许，纷纷论及，其语浑乱无头绪。而我欲从中搜出其事之实情，则其法与上所云者，似同一辙。我心灵之目是有限，不能一目了然，我明知不能将诸许证词合参，以得事之实情。是以我将证词之四五端为领袖，而设一希卜梯西以解释此事始终之如何，再将其余证词与所设者较比。设有参差之处，则将所设者改正。如此做去，则终得实际。由此以观，不论辨实何事，若试用希卜梯西，则终可得事之实际。

第四段　辨实之格式[2]

上第二段已云，凡事物，有必然之实，有两可之实二类。其辨实之工夫依事物二类而亦分为二则。再者，辨实之工夫分诸许格式，是照我心灵之如何用而分。若欲专

[1]密尔（Mill），指美国哲学家约翰·米尔（John Stuart Mill，1806—1873）。米尔此处言论出自他的《逻辑系统》（*System of Logic*）。

[2]格式（form），指形式、类型。

论其格式，与其各格式之功用，则另有其书，名曰《录集克》[1]。但辨实之格式，以思索为本，故心灵学士[2]不得不讲求此，与讲求之心灵之他才无异。凡辨实工夫，必以表句[3]为始。姑先详论之。

（二）推出与引进辨实，系用表句为事。表句者，即两个各异之意影[4]联成之语句。所云联者，是言两意影之投合[5]与不投合。假如我言“雪是白”，此是一表句。我衷内有雪之意影，亦有白之意影。我知白系雪之诸烦碎中之一，我知雪与白两相投合，于是我即将此二意影联成雪是白一句。凡表句必有三者以成，其首者是某意影，我称之表句目[6]；末者是他某意影，我称之表题[7]；中者是首末之联，我称之系连[8]。首末与系连各用一字[9]，或数字以言之。假如以上所设之“雪是白”一句，“雪”是表句目，“白”是表题，“是”字为系连。“雪”与“白”又称两端[10]。

（三）表句有分别，悉照表句之全或分，及系连之“是”或“不是”。假如“拢总人是有终期”，“拢总”二字是表句目全之谓。似此之表句，我称之曰“公”[11]。再如“若许暴君是惨苦”，“若许”二字，是表句目分之

[1]录集克（logic），即逻辑学。

[2]心灵学士对应的原词为“psychologist”。

[3]表句（proposition），上文已经提及，即命题。

[4]此处“意影”意为概念（conceptions）。

[5]投合（affirms the agreement），指两个概念之间不矛盾。

[6]表句目（subject），即逻辑学中命题的主项。

[7]表题（predicate），即逻辑学中命题的谓项。

[8]系连（copula），即逻辑学中命题的联项。

[9]字（term），在这里实际指语词，而不是汉字。

[10]两端，即命题中的两项（term）。见下文三段论部分。

[11]公（universal），即逻辑学中的“普遍”。

谓。似此之表句，我称之曰“特”[1]。再如“雪是白”，“是”字系连正之谓。似此之表句，我称之曰“正”[2]。再如“雪不是黑”，“不是”二字，系连反之谓。似此之表句，我称之曰“反”[3]。

（四）再者，表句另有分别。假如我云“地是圆”，或云“设使地是圆，则不是方”。上句所言之圆是确实，下句所言之圆，因有“设使”二字，故不真切。似上二句之表句，我称之曰“真切”与“不真切”[4]。再者，或云“凡人是容易差失”，或云“凡人是极容差失”，似此二表句，我称之曰“清表句”与“餙表句”[5]。

（五）推出与引进辨实，必须以表句为事，上已言之。若将诸表句连结，以致我所欲辨之实，自能立时显出于言词，此谓屑录集成[6]。假如我云：“甲是乙，乙是丙，所以甲即是丙。”凡晓得每表句之意义，而略知辨实工夫，必能知第三表句系从上两表句而出。不能不出。其上两表句所言之事，或可真，或可假。但按屑录集成而论，上两表句不能不发出其第三表句。如若上两表句所言之事是实，则化出之第三表句亦是实；若所言之事是假，

[1]特（particular），即逻辑学中的“特殊”。

[2]正（affirmative），即逻辑学中的“肯定的”。

[3]反（negative），即逻辑学中的“否定的”。

[4]真切（categorical）、不真切（hypothetical），两词为意译，英文原词并没有同源关系。真切（categorical）指直截了当的，即逻辑学中的“直言”。不真切（hypothetical）指假设性质的，即逻辑学中的“假言”。这里颜永京的意译非常准确地抓住了“hypothetical”的含义，即假设性的。

[5]清表句（pure proposition）、餙表句（modal proposition），即纯命题和模态命题。后者指含有诸如“必然”（must）、“可能”（may）、“应该”（should）等模态动词（modal verb）的命题。

[6]屑录集成，上文有所提及，即三段论。

则化出第三表句或可真，或可假。即如我云："暴君是善，华盛顿是暴君，所以华盛顿是善人。"据屑录集成之用，则上两表句不能不化出第三表句。然观上二表句所言之事是假，而第三表句所言之事却真。总之，屑录集成非着重于事物之真假，乃着重于如何将诸表句连结，致第三表可以从上表句而出。

（六）每个屑录集成，必有三个表句。其上两个述出原因，乃谓大先阶、小先阶[1]。其第三表句，是由大小先阶以出，是谓终表句[2]。再者，此三个表句，统有三端。一端是大先阶与小先阶所同有，是为中端[3]。其余两端是为外端[4]。至两外端亦有殊，一是终表句内之表目[5]，一是终表句内之表题。故另有小端、大端[6]之分。其表句有大端者，谓之大先阶、有小端者，谓之小先阶。假如我云："凡人是有终期，琐格底是人，所以琐格底是有终期。"共三个表句，而三者连合是谓屑录集成。其"人"与"终期"与"琐格底"为三端。"人"是上两表句所同有，是为中端。"琐格底"是终表句内之表目，是为小端。"终期"是终表句内之表题，是为大端。"凡人是有终期"为大先阶，"琐格底是人"为小先阶，"琐格底是有终期"为终表句。

---

[1]大先阶、小先阶，即三段论中的大前提与小前提。

[2]终表句（conclusion），即三段论中从大前提与小前提中导出的结论。

[3]中端（middle term），即三段论的中项。三段论涉及三个概念。其中只出现在大前提与小前提，但不出现在结论中的概念，叫做中项。

[4]外端（extreme），即三段论的外项，指中项之外的两个概念。

[5]表目，即表句目，指主项。

[6]大端（major term），即大项，指大前提中中项之外的那个概念，也就是大前提的谓项。小端（minor term），即小项，指小前提中中项之外的那个概念，也就是小前提的主项。

（七）大先阶与小先阶及终表句不必有一定次序。我或可将小先阶写于后。

（八）表句与表句目与表题，亦可颠倒次序。假如我云“各人有终期”，或云“有终期者，人也”，皆可。

（九）屑录集成固有一定之法。遵其法则所得之终表句必准，否则不准。其法有四，详下。假如我云：“无物重于铅，羽毛是重于无物，所以羽毛是重于铅。”如此者有病在其中。盖大先阶与小先阶所有之“无物”，其两处之意义不同故[1]。

（十）中端系两句所有，而顶少必须在一表句内有统冒[2]意义[3]。假如我云“白是一颜色”，为大先阶，其颜色一端固无统冒意义。因颜色非只有白，尚多别项。再云“黑是一颜色”，为小先阶，其病亦然。故两表句所化出之第三表句，即白是黑亦必谬。要之，凡中端须在一表句内有统冒意义，方可。若两表句内皆如是，则更妙。

（十一）终表句内所有之大端小端，其有统冒意义之一端，必须在一先阶内亦有统冒之意义。凡不论何一端，在大先阶或小先阶内无统冒意义者，决不可在终表句内有统冒之意义。

[1]此处是说，要想保证三段论推理的准确性，中项所表达的概念在两个前提中要一致。在这里的例子中，如颜永京所翻译，“无物”实际上表达两个概念：在大前提中是动宾词组，指“没有任何东西”，而在小前提中是名词，指“无”，即什么都没有的状况。这里颜的翻译也表现出他对英语和文言文精准的把握。

[2]顶少（at least），至少。统冒（distributed），逻辑学中所谓的“分布的”，即在一个命题中，如果其中一项所指代的分类被普遍性地提及，就叫作“分布的”。如果我们说“白色是一种颜色”，颜色在这里就不是分布的，因为颜色中还包括其他，如褐色、黑色等。但如果我们说“事物有颜色”，这里的颜色就是分布的，因为其代指所有颜色。

[3]这句是说，在三段论中，中项至少要有一次以分布的状态出现。

（十二）大小先阶俱是反连[1]表句，则不能化出终表句。若一个先阶是反连，则终表句亦必是反连。

（十三）大小先阶俱是特目表句[2]，则不能化出终表句。若一个先阶是特目，则终表句亦必是特目。

（十四）凡辨实分为二类，曰引进辨实，曰推出辨实，上已论及。二辨实皆取助于屑录集成，所以屑录集成分别亦二，一曰推出屑录集成，一曰引进屑录集成[3]。假如我云："子与丑与寅是甲，观子丑寅合以成乙，所以乙是甲。"此谓引进屑录集成。再者，"乙是甲，观子丑寅合以成乙，所以子丑寅是甲"，此谓推出屑录集成。

（十五）细观前屑录集成所有之表句，与后之所有者，次序相反。前屑录集成之终表句，即是后之大先阶。

（十六）引进屑录集成系凭一法为准则，曰：凡属于全物所统之诸项，即属于统该诸项之全物[4]；不属于全物所统之诸项，即不属于统该诸项之全物。推出屑录集成亦凭一法为准则，曰：凡属于统诸项之全物，即属于全物所统之该诸项；凡不属于统诸项之全物，即不属于全物所统之该诸项。

（十七）凡得总理，必须用引进屑录集成以得之，既得总理而欲得总理所包含者，必须用推出屑录集成以得

[1]反连，即否定连接，如A不是B。

[2]特目表句（particular premise），即特殊命题。指三段论中两个前提不能同时是特殊命题。

[3]推出屑录集成（deductive reasoning）、引进屑录集成（inductive reasoning），英文原文字面意思是演绎推理与归纳推理。

[4]凡属于全物所统之诸项，即属于统该诸项之全物，只要这一事物属于这一类中的每一项（all the constituent parts），它便属于这一类的全部（constituted whole）。

之。上所云之“子、丑、寅、甲、乙、丙”，不过记号而已；我今以实事实物相替，以明推出屑录集成之用，及二类屑录集成之有何联属。假如我所见之若许棉羊与黄牛皆是转刍，我观棉羊、黄牛皆是有角分蹄。虽有无数有角分蹄之兽我未尝见过，不知此等亦是转刍否，但我所见过之棉羊与黄牛皆是，以致我竟可将所见者统拢总有角而分蹄之兽。于是我引知拢总有角分蹄之兽，皆是转刍，若用屑录集成以描之则如下：棉羊黄牛是转刍，观棉羊黄牛是统代拢总有角分蹄之兽，所以我引知拢总有角分蹄之兽皆是转刍。此所得之终表句，即所谓总理。

（十八）既得总理，而欲知总理所统冒者，则用推出屑录集成。以总理为大先阶，即如我云：拢总有角分蹄之兽是转刍，观鹿或山羊是有角分蹄，我从此推知鹿或山羊亦是转刍。

（十九）辨实者，无非辨事之实。其辨实之取途，或由直接，或由委曲。至委曲辨实之途，即用一事比第二事，从此以知第三事。若此之辨实，必须取助于屑录集成。我非谓平常言语之间，必须将言语编成屑录集成格式以言。我每有所言，不过说出其终表句，而不明说其先阶，听之人已知其原因，隐隐然有先阶之影踪在心。然得当之辨实，终可用屑录集成以显出。

（二十）屑录集成之实用，非用之于家谈及公论，乃用之于试验言论之的与否。凡我所发之言论，或他人所发者，若欲知其确切与否，我即用此式以试验。凡作文及用口才者，皆须精于屑录集成之法与格式，始可言论的实，莫可驳斥。

（廿一）有驳云：终表句内所有之实，早蕴[1]在先阶内，故屑录集成不能辨出事之实，更不能从已知推出未知，未见有用。假如我云：众人是有终期，琐格底是一人，所以琐格底是有终期。观琐格底是有终期一事，却蕴于众人是有终期事内。我所欲辨实者，竟述明于先阶之内，故终表句内却无新而未知之实。屑录集成无益于辨实显然。不如辨实之不取助于此为佳。

（廿二）予答曰：上云凡辨实原系分核工夫，无非从所晓之某实，化出所蕴者，故彼驳屑录集成之无益，即是驳辨实工夫之无益。彼所云琐格底有终期一事，是先蕴于众人是有终期事内。此言本是，但凡委曲辨实法，皆若是。我所辨实以得之实之分，必蕴于已知之实之全。

（廿三）余以终表句内之实，虽蕴于大先阶，却未曾述出[2]。假如我云“拢总人是有终期”一句，此确未明述琐格底是有终期，不过隐含其意。迨化出终表句，始得申明。既然终表句显出先阶所包含者，更以言语申明，则终表句较先阶更进一级。而我思索之工夫亦必进前一步。于是以观屑录集成宛似领我从某址为发轫[3]，直至未曾申明之地为驻迹。我以屑录集成比转而前行之车轮则可，若比车轮于轴之转运而不向前则不可，[4]安得谓无益?

（廿四）观推出屑录集成之大先阶是总理，试问此总理何由而得?假如上所云“拢总人是有终期”，此谓总

[1]蕴（contain），即包含。

[2]述出（affirm），即确认，指被指认、表述出来。

[3]发轫，即发车，指出发。

[4]上两句颜永京以车和车轮为比喻，说明三段论像车轮，转动带动车辆向前行驶到我们要去的地方，因此我们不能说三段论是车轮空转，没有意义。

理。若此之总理，何由而得？予答曰，凡总理皆从引进辨实以得。而推出辨实，皆以引进辨实为赖。假如我知甲乙丙向是活，而今已死，遂谓甲乙丙是有终期。既而阅历广阔得知，凡我遇见之人皆是有终期，无一人不然。于是我竟可将阅历之若许人，为拢总人之统代；既若许人若此，我即推知拢总人亦如此。我从此得拢总人是有终期之总理。

（廿五）有云：若许人如此固确然，但安得谓拢总人亦如此？予答曰：此非经历以知，亦非用算学以显明，乃赖心灵之本然[1]以知。盖我心灵本知凡诸事在同样境地，必定有同样结局。凡天然之事物，皆常而不变[2]。既若许已见之人如此，则未见之众人亦如此。

（廿六）又问：上云屑录集成之为用，是从全而拨出其分。乃观引进辨实，是从若许事引进一总理，即由分而得全。其屑录集成之助引进辨实则何如？予答曰：其用法如下，甲乙丙等是有终期，我已阅历；甲乙丙等人数甚多，竟可作拢总人之统代；于是引进辨实以此为准；置诸未阅历者于不问，而将我所信及所料以为然者，明说为然。若用引进屑录集成之格式，即云：甲乙丙等是有终期，观甲乙丙等是拢总人，所以拢总人是有终期。

（廿七）凡不论何项总理，皆用引进辨实工夫以得，用引进屑录集成为助。既得总理，即如一切人有终期，我即用之为推出屑录集成之大先阶，从中推出琐格底或他某某是有终期。

[1]心灵之本然（general law or constitution of the mind），上文有所提及，即心灵的构成。人类心灵构成相同是苏格兰常识学派哲学的一个重要前提。

[2]凡天然之事物，皆常而不变，原文为“nature acts uniformly”。

第四题　理才[1]

[1]理才（intuitive power），现代汉语中常作“直觉”。

第一章　理才之为何

凡例所列心灵诸才，其第四种才所用以为事者，非五官所达到之物，亦非五官所相关之物。其所为事者，是谓原有之实，原有之意绪。原者，因我非思索以得之，亦非达以知之，乃原然有之。此等之实与意绪，虽非经历而得，惟于衷内发显，固凭经历而发。心灵之能发此者，是谓理才。

（二）理才与呈才有分别。盖呈才是五官达到物，而我直知其物。复呈才是物不在前，将前所达知物之意影复呈于心目。若理才则非以五官可达之物为事。其与思索亦有区别。盖思索所得之知识，是思以知之。若理才所得之知识，是不思而知之。再者，理才非以可见可摸之物为事，乃以我衷内之原意绪为事，即所谓是非、艳丽、空处、时候、因感[1]等是也。再者，是非、艳丽等类，虽非有质之物，但我必须先有所达知而发此意绪[2]。此等意绪非我心灵所创，如提挈归公意影然，乃我不创而自有。

（三）设有云：我心灵中并无如是之才。余答曰：既

---

[1]“是非”（right）、“艳丽”（beautiful）、“空处”（space）、“时候”（time）、“因感”（cause），上文有所提及。这里这些观念是人天生的所谓“先验的”概念，不借助外部事物形成。

[2]此句是说，这些先验的概念需要依附于感官信息而出现。

若是，则上所云之意绪，何由而得？此诸意绪，我非以五官达知而得，又非记而得，亦非幻像而得。设又云：此意绪莫非是汇归所得？予曰：否。我见某一事，而知其事为善为恶，将其善或恶提出为提挈归公意影。既而我见他事而知其亦为善为恶，我遂将诸善恶归于一等，称之为善为恶。如此之工夫，却是汇归。但我须先有善与恶之意绪，方可将诸事或归于善或归于恶。再者，我每见一艳丽之物，知艳丽是物之性状，而将艳丽提出。再将一切美色之物归为一等，而称之艳丽。但我须先有艳丽之意绪，方可归为一等。试问其善恶及艳丽之意绪，从何而有哉？我心灵有善恶及艳丽之意绪，更能识知物之是非、物之美陋，确系心灵之别一用，而非达知、记与思索，明矣。

（四）我身外有事与物，而我身内有诸才以配之。我身外有质物，各有性状，而我身内有达知以配之。其质物感触我五官，我遂知其物之性状为何。至事之是与非、物之美陋，而我身内亦有才以配之。其才受感触，我即知其事之是与非、物之美陋。假如质物有颜色，而我有眼目以达之。其颜色感触我目，我心灵即达知其色，而遂有色之意影。又如事有是与非，而我有理才配之。其是与非感触我之理才，我即识知其事之是与非，而遂有是非之原意绪。先者为达知，后者谓理才。达知是心灵赖五官以达知，理才是心灵直达以知。物之意影我所本无，待达知物而始有。若原意绪，我所原有，惟隐而不显，待有所达知而始发显。

第二章　论原有之实及原有之意绪

第一段　原有之实

我所以识知原实，所以有原意绪，皆从理才而得。凡原实与原意绪有分别。原实者，是我本来所信之实。原意绪者，是我本来所有之意绪。假如我衷内有因感之意绪，与我识知每事终有一因感所致，二事各异。又如生存之意绪，与我知“我是生存”，二事亦各异。其因感及生存之意绪，是谓原有之意绪，或原意绪。我识知每事终有一因感，及我知我是生存，谓原有之实，或原实[1]。再者，我必须先有原意绪，然后有原实。譬如我必定先有因感之意绪，然后可知凡每事终有一因感所成。我先将原实详论之。所谓原实，盖非从思索以得，亦非经历以得，是原来所有。假如有一表句，若欲考斯句之实，其凭据或即在该句内，或由他句而得。设或由他句而得，则他句之实，其凭据亦若是。推而至于末句，则实之凭据，固在本句内。

[1]本段至此在讨论两个概念：人类天生就知道的真理（primitive and intuitive truth），即颜永京所译“原实”；天生就有的观念（primary and original conception），即颜永京所译的“原意绪”。海文这里是说，人不仅有这些先天的观念，而且知道自己有这些观念。“知道自己有这些观念”就是天生就知道的，所谓先天的真理。

若此之实，因其凭据在本句内，而不赖他句，故谓原实。或问：其原实从何而来？予对曰：此非由经历而来。我所经历者，反以原实为依赖。盖一切经历，皆有原实在中。要之，所谓原实，是心灵未曾经历，未曾受教，而自然先知之实。

（二）若问：原实与他样之实有何分别，则其说不一。蒲非埃[1]云：实之堪称为原实，其记号有三：一、凡天下人知识已开者皆指为实；二、凡莫可质证，而莫可驳之实；三、凡不信实为原有之人，其行事间竟视为原实。黎德[2]云：其记号有四：一、凡古今万国认以为实；二、凡不认以为实，则诚非理；三、凡人未受教而知识未开，皆知为实；四、凡度命行事，不得不视为实。汉密登[3]云：凡不可解释之实[4]，即如我知其实之自然，而不知其所以然、何以然，凡不可分之实。其可以分之实，是谓全具杂之实[5]。不可分之实，是谓原实。凡必须有而不可无，及通行而不独处之实。凡最有证据而最为的确之实。

（三）予统上三人所云，编为五记号，而重申之。一、凡非从见闻非从经历而得。二、凡纯一之实，非从他实中推出。三，凡不可用凭据以质证，而质证之凭据在其个中。四、凡视以为非实，则诚非理。五、凡古今万国认以为实。不论何实，有上五样记号，是谓原实。至原实

[1]蒲非埃（Buffier），后常译作克劳德·布福尔（Claude Buffier，1661—1737），是法国哲学家、历史学家及地理学家。

[2]黎德，颜之前多译作理德，即苏格兰常识学派的托马斯·理德。

[3]汉密登（Hamilton），即威廉·汉米尔顿（William Hamilton，1788—1856），苏格兰哲学家，也是苏格兰常识学派的代表人物，但受康德影响很大。

[4]不可解释之实（incomprehensibility），即我们无法理解的真理。

[5]全具杂之实（complexity），即含有多于一个观念的复杂的真理。

共有若干，则论者亦不一。大概有七种：一、我为活人；二、我为原人[1]；三、因感之有，及因感之有能力；四、质物之有[2]；五、天然事物之常[3]；六、记才及他项心灵才之可靠；七、我能自主[4]。

第二段　原有之意绪

凡原意绪计有六种：空处、时候、原体[5]、因感、艳丽、是非。予逐一述明之。

（二）有问：空处是何？或真有，或无，而不过我衷内之意绪。论者纷纷不一。干剔[6]与其同门之人曰：空处是意绪，是我衷内所想出，并非实有；若空处是真有，试问空处是何物，在何地？牛登云：空处虽非有质之物，究竟是真有，不可谓是心灵所想出。如欲解释空处，即无穷奥妙之神灵之性状。

（三）予谓二人各执意见，似属太偏。两间必有适中者，予且详释之。假如我想一有质之物，我必兼想其撑

[1]原人（personal identity），指个人身份。

[2]质物之有（existence of the material world），指物质世界的存在。

[3]天然事物之常（uniformity of nature），上文有所提及，是指外界事物发生发展规律的恒常性。

[4]自主（freedom or power over our own actions and volitions），即自由意志。

[5]原体（identity），指事物的同一性。海文认为我们用这个概念来判断某事物是不是它本身。

[6]干剔（Kant），即德国哲学家康德（Immanuel Kant，1724—1804）。在康德的诸多成就中，其中一项是考虑认知的可靠性，即多大程度上我们对世界的认识是我们的思维创造出来的而不是客观实在的。如本书序言所述，康德的哲学在19世纪中叶的美国被视为有怀疑论倾向，不被大部分哲学家接受。在这里也是被批评的对象。

迭，而且想其居于空处。若不想其撑迭，不想其居于空处，则我万不可想其物。于是以观，我可以将空处为有质、有撑迭之物所必须。想物必先想空处，想物之实有其物，必先想空处之实有空处。进而言之，设无空处，则无物可以撑迭其内。若无撑迭，则无物。

（四）予以空处虽非有质之物，亦非被造之物，更非能毁灭之物，然系实有者，我不可视为衷内所想出之意绪。设使空处是想出之意绪，无其人则无想念，无想念则无空处，无空处则无物可撑迭，无物可运动于内。若无撑迭、运动则无物。于是以观，真有物，则真有空处。反而言之，若空处是意绪，则物亦是意绪。予以物既真有，且我五官所能达，则空处亦必真有。况空处先于物，物借空处以得居位。空处毫不赖物，因无物则空处仍在，惟无物所居耳。无其物我或不想及空处，然空处仍有。

（五）有问：我何从而得空处之意绪？曰：达知令我知物，且知物之有撑迭，知撑迭即知有空处。由此以观，空处必定靠物为引领[1]。据理而言，未曾经历，空处已先有。盖先有空处然后有物。据时而言[2]，我必先知物，先有经历，然后想及空处。

（六）我想时候与想空处，其想法相同，故解释时候，与解释空处亦同。空处为有质而有撑迭之物所必须。若时候，则为能运、能动、能变之物所必须。凡达知令我知物质，且知物之大小、撑迭，兼令我知物之能动、能运、能化、有形式之物必有者，是撑迭；能运动能变化之

[1]引领（originate），即始于，来自于。

[2]据时而言（chronologically），指从时间上的先后顺序来看。

所必有者，是接续[1]。我想撑迭，必想空处；我想接续，终想时候。空处必先有，庶物可以位置；时候亦必先有，庶运动等事可以接续。

（七）时候非衷内之意绪，一如空处之非意绪。时候必先于事，必有时候而事方可接续。若无事则时候仍旧在。时候之真有，一如空处之真有。苟无时则凡有灵性之活物，与块然之质物，皆不可继续而存。

（八）据理而言，必须先有时候，然后性命可继续，内悟可连接，见闻可经历。据时而言，我必先知事之有接续。先有经历，然后想及时候。我必须先内悟吾是活人，是继续而活，有思念有知觉有情欲，且知外物亦有继续，然后有时候之意绪。时候原为接续之所必须。然不知接续，我或不能得时候之意绪。

（九）我见事之有继续，遂想时候之有。假如有若干事过去，既而有若干事连接。抑或我有某思想，动某某情欲，既而有他样思想动他样情欲。再或有若干事过去，既而我有某某思想，彼此继续。若此之连续，令我知时候之有。于是我只须撇弃顷间之所内悟，及事之经过乎身之外，我遂不知时候之有。

（十）我试讲酣睡以证上义。沉睡时，我之目与耳等，竟似块物。我衷内之心灵，与身外之事物，竟不相通。心灵前时所经历之事，一概消没。我不知我在何处，又不知我是何人。若此之境地，我则不知时候之有。我从睡至醒，虽间有若许时刻，竟宛若在于一时。我醒而内悟后，我第一想念即是今已何时。我酣睡际，暂时失去内

[1]接续（succession），即连续，指事物发展的连续性。

悟。我醒时之内悟，竟不继续临睡时之所内悟，以致事虽有次序，然不知在次序中我归于何项，故我不知刻下之在何时。

（十一）即使白日醒时，我或忘却实时之内悟，与前时之内悟有所连属；或忘却我与身外之事有所连属，则不知时候之有。假如我过于用心，或读书，或工作，我竟撇弃一切闲事，甚至出神而忘却我之有身。光阴依然过去，而我漠然无知。迨后或被人呼唤，或作事已竣，顿然内悟，遂询问今乃何时。凡患常病重病之人，其茫然于时候，亦犹是。

（十二）凡壮年人，看目前之光阴过去极速，而孩童则视之为缓。人皆知之。其缘故即上所云之理。人所以知时候之有，是因目前之所内悟及所经历，继续前时所内悟所经历。壮年人前时所内悟所经历是多而烦，故时候显长。若与目下时候比较，则目下显短。观孩童则前时所内悟所经历是少，故时候显短。若与目下之时候比较，则目下显长。由此而推，凡人寿命愈长，则视目下之光阴，过去愈速。

（十三）若欲知原体之为何，须将原体字义解释。原体非相似之谓也。假如有地球两个，其大小、其颜色、其形式俱相同，兼且其材料、其蜡漆、其作法亦皆同，以致先见一，后见二，不知其有分别。然而若此二物，不可谓为一物，不可谓为原物[1]。是原体非即相似明矣。反而言之，不相似而有原体在。设令一人，今年体貌与去岁体貌颇不相

[1]原物（identical），即这个事物是否是其本体。颜永京这里避免了用“相同”，因为“相同”在文言文中指的是事物外形或所含性质的相同性，而非同一性。

似，而其人则谓是原人。是人虽不相似而原体在。

（十四）原体是异体[1]之相对。一如直之对曲，艳丽之对丑陋。我衷内既有原体之意绪，必有异体之意绪。我既指为原体，必不作为异体。

（十五）凡天下物有三类：一、有灵者[2]；二、有肢体而有性命[3]者；三、无肢体之质物[4]。故原体之意义亦有三，凭其用于何类所分。至有灵者，则灵之一而不分，存活有继续，是谓灵之仍有其原体。设相[5]灵绝，另造一新灵，补其缺，能知前灵之一切作为，然而不可谓新灵即原灵。于是以观，人之为原人，非在于有质之身躯，乃在于灵，即所谓神[6]与灵魂也。若问我为原人，是凭何知之。予答以凭内悟。盖今日活而能思想之我，即是昨日活而思想之我。此系我所内悟。有此内悟，始知我是原人。

（十六）有肢体而有性命者，是指禽兽与植物也。至此两类，所云仍有原体，必定与灵之仍有原体，意义不同。盖有灵者，其原体则在于神灵。此二类则在于性命。而神灵本贵于性命。

（十七）至无肢体之质物，所云仍有原体，则指质之不变，其体不加大，亦不减少。苟其质与体稍有改变，则不可谓原物。试观质不免随时改变，所以确切而言，质物万不能仍有原体。我谓仍有原体者，是泛以字义言也。

---

[1]异体（diversity），即多样性。

[2]有灵者（spiritual existence），即有精神、有灵魂的事物。

[3]性命，原文用词是“animate”。

[4]质物（matter），即物质。

[5]相，似乎当为“向”，即“之前的”。

[6]神（spirit），即精神。在这里精神和灵魂经常被用作同义词。

假如每闻人云，此处有一山，或一河，其山是我幼年所常见，其河我幼年常在其畔散步者，皆是原物。予以确切言之，则非原物。因其山数年之内，终已改变其料质与形体；其河较前终必或阔或狭，而水或清或浊。然泛以字义言，可谓原质。因其山仍旧是若干座，而在原处；其河仍是一条，流于原道。

（十八）我所以疑物仍是原物，是因我有所见者，已非一次。我衷内存二物之意影，而不知此意影是一物者，或二物者。假如我今日见一本书，而昨日亦见过一本，我既见有两次，即衷内存书之意影亦两，故不知其书是原本，抑或两本。设我见书两次，却知实是一本，我即谓是原物。

（十九）总之，我谓某物是原物，其故盖有四事。照样之物能有诸许，一也。我见其物已有数次，二也。我不知数次所见者，是诸许相似[1]之物，抑或一物，三也。既而确知为一物，遂谓是原物，四也。再者，原体之意义，稍有分别。按其用于人，或用于禽兽植物，或用于块物以定之。

（二十）因感之意义，是使之然[2]之谓也。一物生他物，一事生他事，其先物先事，是为后物后事之因感。再者，凡一事先于他事，我未必即可称先事为后事之因感。假如起风之前，风雨表[3]必有变动，但我不可谓风雨表是起风之因感。

[1]数次、诸许，对应的名词都是“plurality”，即复数、多次。

[2]使之然（on which consequence depends），字面意思是“结果所取决于的”。

[3]风雨表（barometer），后译作“晴雨表”，实际就是气压计。

（廿一）有问：我从何而得因感之意绪。予答曰：非赖五官达知以得之。假如我初次见雪在火前烊[1]，或见蜡在水边融[2]，我目所见者，不过是显然之形用而已。我不过见一物化于他物之旁。我并不目睹有何者出一物，而进于他物。我只能就所见之烊融，而猜出其必有因感所成。迨至屡次见雪化于火旁，始知火是使雪化之因感。要之，因感者奥而秘，我不能以五官达之，故不能靠达知以得因感之意绪。五官惟令我旁推[3]以得之。我所以能推而得之者，是心灵之一妙用，即所谓理才。我有理才，即知凡果效必有因感。每见事物之成与变，即视成与变为果效，而遂询其使成使变之因感为何。若遇一事，而谓并无因感使之然，则万不能。心灵若此之用，是出于心灵之本然。

（廿二）有云：因感是我赖内悟而知。假如我立志，欲做某事，既立志则我某某肢体随志动作。既动作，即将身外之物改变。于是乎我知改变必与我志决连属。志决为因感，改变为果验[4]。至立志做事，我固内悟。再者，我见他人亦有力量作我所作，我由此生凡事终有因感。故曰：我赖内悟，兼赖阅历，方得因感之意绪。予以此说，似是而非。盖我所内悟者，不过是我有所动作，而使一物改变而已。我不过知此一改变是有因感。即使我见他人亦能作我所作，我亦只可谓若许事是有因感，我尚不能谓凡一切事皆有因感。

[1]烊（melt），即融化。

[2]原文例子是蜡融化于蜡烛的火苗中（wax [melting] before the flame of a taper）。颜永京的例子比较费解，可能是为了和后面的例子形成排比。

[3]旁推（suggest），意谓间接的提示。

[4]果验（effect），即效果。

（廿三）博文[1]云：凡事皆有因感。其意绪系非阅历而生，亦非谓为见显然之形用而生，又非赖五官以生，乃我心灵所自然而生。况且事之无因感者，我万不可想。格致学士只能讲求天然之形用。若欲究形用之因感，只能求之于内衷，不能求之于他物。予以此说为正说。

（廿四）凡物皆有因感，我已论及。今试问何者为因感。若按平常言语，即无灵性之块物，亦可称因感。假如敲一钉入木，必须用锤，击其锤即为因感。再者，所敲之数，亦可为因感。最确者所敲之臂，亦可为因感。更确切者，我出志决之心灵，亦为因感。由此以观，不论何事由人所作者，其因感皆出于人之心灵。爱立司多德[2]云：每工作终有四事：作工之人、制物之料、仿照之模范、物之作何用。假如作一石偶，必须有作工之人，有矾石一块，有原像为模范，有归于何用之先念[3]。其作工之人，是为属功效之因感，矾石为属料因感，原像为属模范因感，用处为属终因感[4]。

（廿五）我靠理才所得者，其中有艳丽之意绪，及是之意绪[5]。此二者较他意绪更要紧，因与人之快乐大有连属故耳。斯二者，是天下人皆有，而为人万不可无。凡人有所关遇，则此二意绪即发动。天然物中及雅艺[6]物中，

[1]博文（Bowen），即弗朗西斯·博文（Francis Bowen，1811—1890），美国哲学家、教育家。

[2]爱立司多德（Aristotle），即亚里士多德。上文颜永京译为耶律士都。

[3]先念（plan），即计划。

[4]功效（efficient）、料（material）、模范（formal）、终（final），指四种因果关系，即功效、材料、形式和最终因果联系。

[5]是之意绪，即是非之意绪。

[6]雅艺（art），后译为“艺术”。

有若干物一遇我目，我即知其艳丽。再者，凡人之举止一遇我目，我即知其或是或非。我达知其物其事，艳丽及是之意绪顿然发生。

（廿六）若将此二者仅作为原意绪以观，而不愿其与思索有连属，则应讲者有三：一、二意绪各逢何遇[1]而发生；二、物之具何性状而艳丽；三、事之具何佳处而是。若将此二意绪与思索并合以观，则更有深意在。盖我有此二意绪而思索别有施用。思索用之于艳丽，是为识知艳丽才[2]。用之于是非，是为良知[3]。予以识知艳丽才及良知是思索之别有二用，而非思索外另有二才。以上诸事详下。

[1]遇（circumstance），即情况、状况。

[2]艳丽才（taste），即品味。

[3]良知（conscience），即道德感。

第三章　论艳丽之意绪及识知物之艳丽

第一段　艳丽之意绪

讲求艳丽者，是艳丽之学，较他格致学尚为新出，而讲求者尚希。

（二）艳丽之为何，一言难罄。若取诸物而谓是艳丽则不难；惟阐其艳丽之为何，难矣。艳丽之物愈多而各异，则愈难阐明。因物多且异，而皆称艳丽者，则必皆有一公同佳处。而欲指明一公同佳处为何，岂非难哉？假如一走兽、一石偶、一星，皆称艳丽，而我见之闻之即动情。兹试问各有公同者究竟是何？至一石偶，或一星，则容易指艳丽之在某佳处，但此佳处未必走兽亦有。据理而论，彼三物称艳丽者，其中必有公同佳处在。穷理学士，曾用心于此，各有所见。

（三）有云：艳丽非具于物，乃具于我，是我心之动，心灵之有觉知所致。麦根西[1]云：物感触我，令我快乐。而快乐是某样，是若许此即艳丽[2]。

---

[1]麦根西（Sir George Mackenzie），指乔治·麦肯锡（1636—1691），苏格兰律师。

[2]麦肯锡的言论意为：事物中能激发我快乐的部分就是美感。

（四）有云：艳丽者，是我心灵内之情与外物连结所致。即如述飞雷[1]云：艳丽者是我衷内有觉知。其觉知直照外物，而外物即有所返照。意谓艳丽是外物与内觉连结所致。

（五）上二说意义相近，皆以艳丽为具[2]于情，而非具于物，具于我而非具于外。再者，另有人以艳丽为具于物。然而具于物者是何，则各有其说。有云：在物之新式[3]；有云：在于有用处[4]；有云：在于一物有多样性状，而多样互相配合为一[5]；有云：在于次序及均匀[6]。

（六）予且问艳丽究竟具于我，抑或具于物[7]？设令具于物，则所具者是何？此二事须阐明为要。其以艳丽之具于我者，一云：心之动即是艳丽。予谓我每见某样物而发快乐之情，此说本是。盖我快乐之情，果然是某物之某佳处所激。但谓被激之情，即是艳丽，而某佳处反非，则似舛错。且我寻常决不如此颠倒其说。譬如我观日落时之光华，而称此为艳丽。我不可谓艳丽非在苍穹、在云、在颜色之彩，我不可谓衷中之怡情，即是艳丽。再者，我诸情中有惧、有望、有喜、有忧等，且常发显，我固知之。但谓艳丽是情，终未有也。且问：我每怀惧、怀

---

[1]述飞雷（Lord Jeffrey），即弗朗西斯·杰弗里（Francis Jeffrey，1773—1850），苏格兰法官和文学批评家。

[2] 具，指具有、具备，这里指一种观点认为美感存在于我们的心灵而非事物本身。

[3] 新式（novelty），即新奇。

[4] 有用处（utility），即实用性。

[5] 多样互相配合为一（unity in variety），直译为多样性的统一。

[6] 均匀（proportion），即比例。

[7] 具于我（subjective），抑或具于物（objective），原文直译为：是主观的还是客观的。

喜、怀忧，究竟惧者、喜者、忧者是何？岂非我自己乎？我心灵乎？至使我惧、喜、忧之物，我只可言是令我发情之物，而不可言即是惧、喜、忧。比而言之，若艳丽亦是情，则我发其情，即我心灵艳丽，而艳丽非在于激我情之外物[1]。如我观日落，或画幅，或景致，我必谓艳丽系在我，而非在物，其物不过是因由，使我艳丽。然而此言甚谬。由此以观，彼谓心之动即是艳丽之义，似乎失中。

（七）其以艳丽之具于我者，二云[2]。我衷内之情，直照外物，而外物有所返照，即是艳丽。意谓人衷内之情，宛似光芒外射到物，而物返映其耀，人见而谓其艳丽。予以此说亦有所不到。盖有若许物，无论我衷情如何直照，终不能显出其艳丽；再有若许物，无须我衷情直照，而自然显出其浩繁之艳丽。假如一孩童初次观洋海，其水面平坦，并无如陆地之有凹有凸，又无陆地之有界有限，其水青而蓝，一似当头之青天，且蓝无杂色，非若有云之青天可比，遥望青水面有白帆，或来去，或荡漾，宛似白翼之鸟，或翔或集，其水面之圆，从右天际至左天际朗朗然。若此景致，孩童无不称扬。观此孩童，并未阅历如此佳景。若谓其所称扬之艳丽，系己之情直照水面，由水面之返照所致，万万不可。设至壮年回忆从前所见佳境，欲讲求艳丽之所由来，而旁人告以艳丽无非是尔衷情本有者，从内映照于洋海，彼必奇之。

（八）予以艳丽之非具于我，而实具于物，由此可

[1]这里是说，如果按照以上的逻辑，那么美的是我的心灵，而非外物。这正是海文接下来要驳斥的。

[2]这是审美主观论者的第二个论点。

见[1]。然有问：艳丽果然尽具于物否？与我心灵竟无连属否？我遥见一景致，近见一花卉，赞其为艳丽，而谓艳丽实具于景致与花，却非具于我。然而无人见之之时，其物仍有艳丽否？抑或有心灵之人观之，而物即有艳丽，无人观而物即无之。钢条击一火石，必有火星迸出，其火星不可谓钢条所具，亦不可谓火石所具，乃是二物相击所致。艳丽非具于物，或具于我，乃亦二者相感所致否？

（九）彼又谓：设令艳丽果尽具于物，则凡不论几许人同观一艳丽之物，必同声谓为艳丽，讵[2]知不然？盖此谓艳丽，彼反谓丑陋；即一人观原物，先时谓艳丽，异日反谓丑陋。可见艳丽本无一定。由此以观，艳丽不过是心灵与外物连属所致。凡人之心灵不同；即一人之心灵，亦今昔不同。以故诸人之心灵，与一物连属[3]，抑或一人今昔之心灵，与原物连属，亦不同。因不同而一物至有妍丑之异。

（十）至先一说，予答曰：凡因感不必在我目前施行，而我始谓因感之固有。如遇机会，果验即显出。则成就果验之因感，系自有而非赖我见之而有。据彼云：我见物而物始有艳丽，则一颗珠、一粒宝，无人见之即无艳丽。此而论之，则世间竟无自有之物。兹者我见一玫瑰花，其香气触我鼻。片刻我转身出外，花之色与香不能到我眼鼻，我不能领其色与香。然我终不能谓花非自有。予以不见物而遂谓艳丽非自有，是无异于此。

[1]这里是站在审美主观论者的角度来说的。这一段和下一段仍是审美主观论者的论点。

[2]讵，副词，这里表示反问。

[3]连属（affect），原文直译为“影响”。

（十一）至二人同观一物，而此称艳丽，彼反谓丑陋一说。予答曰：此事固有所不同之故，非根于激我之情之因感，实根于被激之心灵。凡人之心灵不同，所读之书，所受之教训，所惯常之事等，彼此各异。且生而有之情，有易动者，有难动者。故物感触二样之人，岂有同样之果验？虽如此言，予不可谓艳丽无一定。盖天然事物，及雅艺中固有某景致、某物，凡人见之皆称艳丽而发怡情。非但同时人如此，即异时人亦如此。若不易显之艳丽，自然有不同之说。

（十二）予虽云艳丽是具于物，然而见物之心灵，与被见之物，却有匹配。物之艳丽遇我目、使我喜悦者，是因我心灵及我五官与身外质物有匹配处。总之，艳丽实具于物；至识认艳丽，及赏鉴艳丽，则具于我：或在物与我有连属所致，或我与物有依靠所致。

（十三）艳丽之具于物，上已指定。但我尚须讲求凡物具何样性状，方为艳丽。论者有谓在物之新奇。予以有若许新奇之物，诚可令我喜悦；然而新奇之物，并非即是艳丽之物。假如一研谷机器[1]于未曾见过者，却是新奇，惟彼必不谓是艳丽。我每见一新奇之物，我心灵却得扩充，我智才中却发出一新念，我衷内却动一新情，我志决中却生一新样之作为。然而若此之物，我总不可谓是艳丽。

（十四）予以或有物，本是艳丽；若亦新奇，则其艳丽更为焕明。乃常寓于目，则本有之艳丽，渐不显著。譬如一人欲得趣于山景，不应常居于山中；欲得趣于瀑

[1]研谷机器（mill），即磨坊。

布，不应终年窥望。至物本非艳丽，则其新奇亦属徒然。再者，别有一说。儒佛劳[1]云：或有物因新奇而我视之不喜[2]，迨见惯始不厌弃。凡一人看他族人，始则不喜，既则不厌弃，是可为证。

（十五）又有谓艳丽是在于物之有用。凡天然物及雅艺中，吾见若干物，是有用于人，我视之而喜，是物之有用，即是艳丽。予以物本是艳丽，再加有用，则其艳丽更焕明，而我见之愈加喜悦，诚或有之。若物只具有用一端，遂为艳丽，而我见之即喜，则不能也。凡物最有用者，诚非最艳丽。设若一水流行河道，便于行舟，较流过浅滩，或从山岩倒下者，自然更为有用，试问其果更为艳丽乎？

（十六）儒佛劳及干铁[3]云：凡有用之物，及艳丽之物，确皆能令我喜悦，惟我何以而喜悦则不同。我喜悦其先者，因物有益于我之故；我喜悦其后者，因物自己之故[4]。先者之喜有私心在，在后者喜于利益无关，是一高贵之情，二者有霄壤之不同。假如如上所云日落之光艳，是遥遥在天，我爱而慕之，非因有用于我，乃为其所具之艳丽。设使我见艳丽之物而念其有用与否，则艳丽之贵，顿然贱矣。予以艳丽之物，固能令我雅秀[5]，能令我识诸雅秀，且能磨琢我粗蠢之心灵，成为贵器，故或可视之为

[1]儒佛劳（Jouffroy），即法国哲学家提奥多·茹弗鲁瓦（Théodore Simon Jouffroy，1796—1842）。著有《美学教程》（*Cours d'Esthetique*）。

[2]不喜，对应原文为“displease”。

[3]干铁（Kant），亦指康德。上文颜永京将其翻译为干剔。

[4]因物自己之故，原文为“for its own sake”。

[5]令我雅秀（[Beauty] refines and elevates the mind），即提升品位。

有用之物；但所以有用者，是因艳丽之故，是艳丽因感在先，而有用为果验在后。我既不可谓因感即是果验，我亦不可谓物之有用即是艳丽。

（十七）再有谓艳丽是在于物之多样性状，而多样合为一。彼云：按一面言，凡一画图我喜其颜色绚采，而光暗参杂；若又按一面言，则画我必喜其颜色之五彩，光暗之浓淡，互相配合，以成一辙。若某一色不分深浅，处处绘出，则我见之必厌弃，即他物亦若是。故云物之艳丽是在于有多样烦碎，而多样烦碎配合成一。彼云如是，予以此说为非。盖有若许颜色，我观其独一亦称艳丽。即如小孩见一鲜红圆石，或一片颜色玻璃，皆爱慕之。再若干形式，仅有面而已，我亦称为艳丽。凡此诸物只有一事，并无多样烦碎以成一。反而言之，至日薄西山，其光之颜色，及云之花样甚多，却不配合以成一，然而如此景象，我竟称为艳丽。

（十八）又有谓艳丽是在于齐整均匀。创此说者爱立司多德与奥古士丁[1]。予以整齐非仅系物之烦碎并合，亦在宜于所用。均匀非仅物之烦碎大小相称，亦在适其所用。设人将眼置于脑后，而足如故，则用不得其宜，而齐整遂失。又如一赛马，其足则用于跑，故细而长。一猪，其足则用于载身，故粗而短。各适其用，各自肢体均匀。如两相调换，则各不适用，而均匀亦无。猪足不及马足之艳丽，然而猪足在猪身，马足在马身，各适其用，故各成

[1]奥古士丁（Augustine），即奥古斯丁（Augustine of Hippo, 354—430)，古罗马帝国时期著名基督教神学家与哲学家。著有《忏悔录》《上帝之城》等。爱立司多德，即亚里士多德，见上文注。

均匀之物。物之有均匀、有齐整而不适其用，即不艳丽，而无可爱之处。既均匀、齐整与用处有关系，则均匀、齐整即有用之别一门，而有用固非艳丽之所在。上已言之。

（十九）上四说皆谓物之艳丽系具于物，然彼所谓具于物，是视物为块质之物。其论不当。今歙灵[1]及儒佛劳等别创一说，云艳丽固具于物，然不可视物为块质之物，当视为灵质[2]之物。物之艳丽，是物之灵气在块质透显。予以为然。

（二十）凡世上一切被造者有二，即灵与质是。此二者各异。一则不能见，一则能见。在艳丽之物，则此二者相和。以致有形有体之质，表出无形不可见之灵，我灵既储物之无形不可见之灵，自然与之相通相和[3]。是艳丽诚非在物之质，亦非在物之灵，乃灵显现于可见之质，而所显者感触我目以达于灵。

（廿一）我观凡无肢体之物[4]，及植物、动物，皆有称为艳丽。兹将歙灵等所创之说，释上三类物之艳丽，以显其说之实。无肢体之物，系最底微而无性命，不过若许原质合化而成有形之体，彼之称为艳丽，无非在纹路、形式及颜色，而其纹路、形式及颜色，岂非表出不可见之灵乎？所言灵却非居于物，乃居于造该物之主。此可见

[1]歙灵，即黑格尔（Georg Wilhelm Friedrich Hegel，1770—1831），19世纪唯心论哲学的代表人物。著有《精神现象学》《美学演讲录》等。从海文书后的参考书目来看，黑格尔的名字后面列的是茹弗鲁瓦的《美学教程》。这说明海文很可能是从茹弗鲁瓦来了解的黑格尔，而非直接读其原著。另外，海文在这里并没有指出黑格尔和茹弗鲁瓦的名字，而是颜永京加进去的。

[2]灵质（spiritual），即有灵的。

[3]“相通”与“相和”的原词分别是“communion”和“sympathy”。

[4]无肢体之物（inorganic forms），指非动植物的事物。

之质，宛似无声之言、天然之记号，表出其巍巍乎莫可言者。或纹路湾曲之妍[1]，或工作及天然凝结之妙形，或阳光从多面灿烂返照种种，岂非艳丽哉？行星、恒星其质各异，排列之次序、大小之均匀、运行之迟速，皆有一定之理，亦岂非艳丽哉？夫纹路、妙形、次序等为何？莫非是记号，借以表出奥妙难言之灵？

（廿二）比无肢体物高一等者是植物，而植物之质，岂非愈能表出所蕴藏之灵乎？盖我观路旁之一花，舒放其瓣，喷出其香。或观林中一树，高而有力，繁枝冲天，繁枝四出，抑或繁枝倒垂，仿佛忧郁神伤而伛偻。若此者，岂非愈能感通我之灵乎？彼等形状与我衷内之诸情，竟有呼应。我见之则诸情顿然发动，或觉强，或觉弱，或勇或怯，或喜或惨，真能与似此天然物相通相和。既而视彼物竟亦有诸情发动，体质内竟亦蕴有智能之灵。

（廿三）再上者是动物，而动物之贱者是禽兽，若禽兽则有性命，有肢体，自然愈能表出其妙而不可见之灵。盖禽兽固能显出其智其情。凡人所有之爱、恶、惧、怒，禽兽亦有，可知禽兽之灵与人之灵不类而类。以故禽兽之艳丽与丑陋，较上二类物更容易显出。

（廿四）动物之贵者是人。若人则有性命，有心灵，有魂，非他物可及。故人之灵显现于人之身，自然更甚。予以人为艳丽物中最艳丽，其故盖人之灵能显出其真相耳。曾见有人面貌平常，而其灵之生气盎然，以致平常容貌，竟成艳丽。凡出众之才、恻隐之仁、慷慨之勇，莫不显于外体。而若此之相，固非写照者所能描摹。

[1]湾曲之妍，即弯曲线条之美。

（廿五）予以歙灵之说最为近是。盖不论人，或禽兽，或植物，或无肢体之物，其各有之艳丽，均可用此说以释之。况此说较他说固简而易。试观一块水晶、一朵鲜花、一株高大之榆树、一株倒垂杨柳、一个石偶、一幅画等，各蕴其意，各有所表出，其艳丽即在于此二者。人是最有灵性，故能识出彼所表出而遂喜悦。

（廿六）古希利尼人尝谓天地间万物各具一魂，且谓物皆有知觉，自知何由来、何由去，并觉自己体中固有艳丽。至我等则不必如此观物。我观物可视为有形之体，将所蕴之深意[1]表出我前，有深意而即艳丽。深意非属物，是属造物之主，是主用此物以表出己之深意。至深意非仅用言语表出，用言语不若用记号为胜。是以造物主非用人之言以言，乃用路旁之花、林中之树、巍然之山、永不息流之洋海，与夫杳杳之青穹以言。若此之物，是造物主之言。其中有艳丽而使我喜，有显威而使我惧。人若观天然事物，而能识造物主之奥意，可谓贤矣。

第二段　识知[2]物之艳丽

艳丽固非我衷内之意绪，乃物自有之佳处一说，上段已申明。再者有物在侧，其艳丽感触我五官，由五官达心灵，一如他样性状。我遂知其艳丽，且悉为某物自有之艳丽[3]。既而我见他种艳丽物，我即将诸物之艳丽彼此相

[1]深意（meaning），即有意义，指事物中所蕴含的上帝的灵性。

[2]识知（cognizance），即认知，这里指对美的认识、鉴别。详下。

[3]此句是说：于是我感知到某物的美感，并知道这美感全部来源其自身。

较，以究各属何样。若同样则究其有何高下。此比较工夫是谓识知艳丽。

（二）论此之为才者各有其说。有云：是思索之别用；有云：是情中之一；有云：是思索与情合用；有云：是思索与心动外，别为一才。是以解释斯才者，自然各异。余以斯才之用无非辨明艳丽，分别高下，故不过思索用于艳丽一端，固与诸情无牵涉，我不能视为别一才。此说已于第一段内略显其隐微。若谓我见艳丽而欢，或谓我先欢而后称物为艳丽。此说诚是，然而动欢实非识知物之艳丽。

（三）凡古来解释此才之用，不一其人，予姑一一述出，以阐明究竟若何。勃雷[1]云：凡人见艳丽之物，或天然者，或工作者，自能欢悦。所以能欢悦，是为识知艳丽。法儒孟泰司邱[2]云：我衷内有一某情能令我与物连接[3]，其使我连结之情，是为识知艳丽。此二说，皆以情为主。

（四）再有一等儒士另创一说，谓识知艳丽是辨别物艳丽[4]之能，中有勃郎及麦头麻[5]。据麦氏云，凡有灵

[1]勃雷（Blair），指的可能是修·布莱尔（Hugh Blair，1718—1800），苏格兰长老会牧师，修辞学家。海文没有在参考书目中列出他。

[2]孟泰司邱（Montesquieu），即法国启蒙主义的代表人物孟德斯鸠（Charles de Secondat, Baron de Montesquieu，1689—1755），著有《论法的精神》（*De l'esprit des lois*，1748年）。

[3]连接，原文为“attach”。

[4]物艳丽，即物之艳丽，事物的美。

[5]勃郎（Brown），颜永京上文翻译为白郎，即托马斯·布朗。麦头麻（M'Dermot），指的应该是马丁·马德莫（Martin M'Dermot），活跃于19世纪前期的英国，著有《论品味的性质与规律》（*A critical dissertation on the nature and principles of taste*）。

之人，及一切物，皆有某样性状，而人有才能以辨别其性状。其性状与人之为人，有隐隐然和通，以致性状自然动人之欢。欢之发虽为识知艳丽之本，然诚非识艳丽正工夫之所必须。

（五）观论此才者，大半视艳丽才是根于情，兼根于达知。有如褒克[1]云：每见文雅器艺，我心灵有才被触而动，兼辨其物之何如，此才即识知艳丽才。又如阿立生[2]云：凡天然物及雅艺制造中，有艳丽者、有巍巍乎华美者，我心灵有才能识知其艳丽华美，兼能领其趣味。

（六）识知艳丽才，既有三样解释，我不可不细究各说之底蕴，以得其实。试将一艳丽物，如一古名画，置于目前，我心灵必有几许作为，而作为自然为我所内悟。若我细察其作为，即知此才之为何如。

（七）我心灵第一步作为，是情之动，即喜与乐是。我目见一纯美之画，我喜顿然发出，先发于衷，继显于面。其发是自然，非由我所主。一如泉水由地脉中借己力跃出，一如阳光东出，照耀有林有雪之高山，采色斑烂，皆非有所主。

（八）我心灵第二步作为，与情有异。我既喜，我即称赞其画为真正艳丽。所赞美非定出于口，竟存于衷。我心灵识知目前之画是艳丽。辨别其妙处，而称之为美。

---

[1]褒克（Burke），即埃德蒙·博克（Edmund Burke，1729—1797），爱尔兰作家、哲学家。著有《论肃穆与美的起源》（*A Philosophical Enquiry into the Origin of Our Ideas of the Sublime and Beautiful*，1757年）。

[2]阿立生（Alison），即阿奇博尔德·埃里森（Archibald Alison，1757—1839），苏格兰圣公会教士，著有《品味的性质与规律研究》（*Essays on the Nature and Principles of Taste*，1790年）。

我心灵如此作为，是思索之别用。我识知画之艳丽而称赞之，固后于发喜。我先觉喜，故称其画为美。

（九）第二步作为后，有更进一层。我将画详细赏阅，即如察其逐件是如何，诸件合观是如何，其艳丽在何佳处，搜寻画之有何寓意，其画果尽表出其寓意否。再看其画具何教训，其教训果具于画否。继而自问画中有何物令我喜悦，而何以能令我喜悦。予以此进一层事，或可有或可无。至或有或无，悉凭阅画者前时练习[1]讨论，及其素常心思；又凭阅者目前心思，目前居何境地。假若有之，是不外于思索。盖此诸事，无非是比较、辨别、裁断，皆思索才之用。

（十）假使我将他物置于目前，或石工所凿之石偶，或雕工所刻之细物，我心灵亦必有此二样作为[2]。于是我推知此二样作为必非偶然，乃根于人之为人，且非心灵特然之作为，乃心灵恒然之作为。

（十一）据上所论，我每见艳丽物，必有欢情发，必有思索用，必有裁断辅。试问此二者中，何者是为识知艳丽才？有谓是欢。予曰：否。盖一小孩，或一野人，见一艳丽物，或天然者，或工作者[3]，其欢终必发，与练习讨论之人无异，且有甚于文人者。然我终不可谓野人之识知艳丽才胜于文人。其欢过于发现[4]，反显其实无识知艳丽才。况野人所喜，文人见之反而厌弃。由是以观，动欢虽与识知艳丽相连，而固非识知艳丽才。

---

[1]练习（training），即训练，指对美鉴赏的训练。

[2]作为（phenomenon），这里是指心灵运作时所展现出的状况。

[3]工作者（art），指人工的艺术品。

[4]发现，谓展现。

（十二）有云：此才即是思索，用于辨别物之艳丽，是本于智。予曰：然。凡物，我五官必先达知其性状，然后我之心即动。是达知与心动有分别，各有称谓。物之艳丽亦然。我必先识知物之艳丽，然后我之欢动。其识知艳丽与动欢亦有分别，亦应各有称谓。识物之美，可称识知艳丽才。若欢则本属心动，故不可混于识知艳丽才。

（十三）智包括数才，而思索是一。然思索不一其用，或定主见，或比较事及物之相连，或分别彼此，或裁断为如此如彼皆是。若用于事物之提挈意影，即称为辨实。用于事之是非，称为良知。用于物之艳丽，即称为识知艳丽才。总之，识知艳丽，即思索用于天然物，及工作之艳丽物。再者，凡人之智不同。或为先天之各异，或为练习及肄业之不类，或为平时处境及度日有殊。以故识知物之艳丽亦有差等。其专于讲求艳丽，自然愈能识知。反则异是。曾见高明人于他事甚显智而竟无识知艳丽才。

（十四）欢之动虽与识知艳丽相连，而二者各一其类，各有其特用。先者属心动，后者属智。凡人之心灵终有此二才。惟二者有参差。人最能动欢者，非必最能知识艳丽。假如一婴孩一农夫，每见艳丽之色，及艳丽之形式，必大喜，与文人无二。但彼不能说出何以而喜，其物有何佳处令其喜，又不能辨别真真艳丽及不堪为艳丽之物。反而言之，有识知艳丽才者，见艳丽之物，转不甚动欢，即如识知画者见一名画，所发欢反而不若不识画者之甚，而观其面即知之。

（十五）虽如此言，予非谓其发欢之甚者，必无识知艳丽才。其动欢过分者，心中惊动，以故当时之识知难尽实，诚或有之；然不动欢之人，终无识知艳丽才。假如我见一美景，或名画，而毫不觉喜，必我不关心于何佳处。予以心之动，却是识知艳丽才之因。二者连属，一如人天然之资，与其学问有连属。人有天资而无学问者有之，然无天资而能有学问者未尝有。由此而言，人无识知艳丽才而能动欢者有之，不动欢而有识知艳丽才则未尝有。动欢系天然，识知艳丽是学而得之。欢是赞物之好，识知艳丽才是分辨好之为何。二者相依赖。

（十六）既然识知艳丽是思索之一用，则可精益求精。而人不可不求其精。盖凡诸心灵才皆赖指教及磨练以精，而思索尤甚，识艳丽更赖习练。其欲练识艳丽才者，必须尽悉艳丽凭何法，且熟知艳丽之诸形色。应着心于一切艳丽之物，或天然，或工作，细察其各有之佳处，将诸佳处比较高下。凡古来有识见之人，咸称为艳丽者，彼应惯于讨论佳处。如此用工，则识知艳丽之才可精。

第四章　论是非之意绪，及识知是非

第一段　是非之意绪

我所有诸意绪内最要者系是非之意绪，与他意绪有诸许不同处。若一有知识之人，任己主意作一事。我见之，必判其事之或是或非。如或其事有大关系，且特出，我必更如此。凡事之是非，我判断或准或差；凡事之底蕴[1]，我或明悉或蒙昧。凡事惊触我心，或重或轻。若谓见一事而不分是非，未尝有之。即使极卑贱之人，天心蒙昧者，亦能分判是非。彼不过判之颠到耳。彼终不谓诸事皆是，诸事皆非。

（二）我先应考求者，即是非之意绪何由而生。有云：系学而来。有云：系从国法而来[2]。有云：从动情而来。有云：从思索而得。有云：是理才所发之意绪。虽有五说，统归两大概，或天然而来者，或习而来者。予姑详之。

（三）谓是非之意绪，系学而来者，则有陆克、丕

[1]底蕴（real nature），指事物的实际情况。

[2]国法（legal restriction），字面意思是法律约束。

雷[1]等。陆克云：凡一切原意绪，皆是从五官来。所以是非之意绪，必定从学来而非天然。予以良知之发诚赖于学。凡人主见之如何，及风俗之迁变，必有使之然者在，而学最能之。其是非之意绪亦如是。但是非意绪之初有，却非学而来。其教人识知是非者，必已先有是非之意绪，并知是非之分别，始可教授学者。且问：彼等是从何处有此意绪？赖何先辈而学？若此二问，彼言从学来者所不能答。

（四）其谓是非意绪，是从国法来者曰：凡律例谕我作如此，不作如彼，于是我即知何事为是，何事为非。予答曰：果如是，则未设律例前，竟无是非之分别？予以是非之意绪，非由律例而得。而律例反以是非之意绪为本，而设必在有是非意绪之后。所设之第一条律例，必是关公正[2]不公正，或无关公正。假若无关公正，则属下人无从学是非；假若有关公正不公正，则设律例之人必先有是非之意绪，并先知是非之分别。由是以观，我不能以律例之设，释是非意绪之初有。此说之谬，与上所云学，同一辙也。

（五）其谓是非意绪，是从心动[3]来，则有哈铁类、

---

[1]陆克（Locke），即著名哲学家洛克（John Locke，1632—1704），17、18世纪经验主义最重要的代表人物。以白板说闻名于世。详见导读部分。丕雷（Paley），即威廉·佩利（William Paley，1743—1805），英国神学家。著有《道德、政治哲学原则》（*The Principles of Moral and Political Philosophy*，1785年）。

[2]公正，对应的原文即“just”。

[3]心动（association），这里实际是指联想、联系，及其所建立起的是非感。上文中颜永京一般用“心动”来翻译“感觉”“感受”（feeling）。

密尔、麦锦托司[1]等。彼云：我每见人作一事，我终有情发出，就或感谢，或怜悯，或怒其人。既而将此情迁之事[2]，或迁之斯人之习气[3]，以致我称其事与习气为是为非。犹如一贪婪者，初时不过多蓄资财，致能广置器物，以享其用，既而爱慕器物之情，即迁于资财，甚至后来徒爱资财，藏而不用。感谢、怜悯、忿怒等情亦如是。先则我爱恶作事之人，既而迁爱恶于所作之事。先爱恩人，而后迁爱于所施之恩。怒仇人，而迁怒于仇所作之害。从此我遂视凡相似之恩为可赞而谓是，凡相似之害为可恶而谓非。是非之分，于是乎有，我赞其应赞、我恶其应恶之心思，于是乎生。此心思惯而常有，即为良知。

（六）按此说，彼竟以良知[4]为根于情。予以见善事而我喜，见恶事而我恨，此固如是；但知是非之有别，并称某事为善，称某事为恶者，却非从情而来。良知者实智之一用，专以行作之曲直为事。若谓良知是根于情，而我爱者即是善，我恨者即是恶，则事之善恶，竟凭我内衷之爱恶，而非自有善恶矣。况心灵才之用，有不移次序。先有知识而后心动，非先心动而后有知识。我先知其事之是或非，然后赞之爱之或恶之。若彼说，则颠到次序。

（七）予再以别端引证此说之非。彼谓凡人受一恩，

[1]哈铁类（Hartley），即戴维·哈特利（David Hartley，1705—1757），英国哲学家，是联想主义的创始人。密尔，上文有所提及，指约翰·米尔。麦锦托司（Mackintosh），即詹姆斯·麦金托什（James Mackintosh，（1765—1832），苏格兰法官，政治家。

[2]迁（transfer），即转移；迁之事，即将上述情感转移到事物上。

[3]习气（disposition），即某人的性情。

[4]良知，这里对应的英文术语是“conscience”，即人的道德是非感。

终必爱其人；受一害，终必恨其人。既而将此爱与恨迁于我所受之恩与害，终则迁于一切相类之恩与害，由此而彼即称若干事为是，若干事为非。其能分别是非者，即是良知。果如是，则竟视良知为生后所得，非生而有者。且既视良知为从所受之恩与害来，则良知根于私心[1]明矣。但若此之意见，却与实事相背，更与心灵才用之法不符。盖凡人之良知，是诸才中最先发显，即知识未开之婴孩亦皆有之。其发显之速而易[2]，是证明人生而有，非学而有，非受恩与害即爱恨其人，转而爱恨其事，周折而有。以上四说，皆不足阐明是非之所由来。

（八）其第四说，谓是非意绪，是从思索与裁断来。此说犹未吻合，盖思索与裁断之用，不过比较大小，度量轻重，断定某物属于某类，而非创出意绪。假如我心灵内或有一三角形意影，或一环形意影。既而有几许形式，呈于目前，我即归诸三角形类，或环形类，称若干为三角形，称若干为环形。归者称者，是思索与裁断；但是我内衷之三角形及环形之意影，却已先有，非靠思索裁断得来。又如艳丽一事，我称某景致、某画幅是艳丽，此亦思索，亦裁断；但是其艳丽之意绪，却我所先有。其是非亦然。我必须先有是非之意绪，然后可用裁断以分别何者为是，何者为非。是裁断固后于意绪之有。我今所求者，是是非之意绪，系从何而来。上四说尚未阐明。

（九）予以凡人皆有理才[3]，所以有是非、真假、艳

[1]私心（selfish principles of our nature），即指人类自私的天性。

[2]速而易，迅速而且容易。

[3]理才，指直觉，上文有详论。

丽、丑陋之意绪，而能分别之。至是非却有两样看法。一作为我内衷所有之意绪。此意绪是我生而有，惟其发显，是靠理才。一作为事之自有是非。其事之自有是者，则永远为是，而不可改易，且不赖人是之为是；其事之自有非者，则永远为非，而不能改易，亦不借人非之为非。若思索，是断定每事属于是，或属于非。我既分明之事或是或非，我即有当为不当为，并有作者为功、不作为罪[1]之诸心思。凡人见事之是与非莫不心动，但内衷必须先有是非之意绪，且能分明事之属于是，或属于非，然后能发情。是发情实后于识知是非。彼谓是非系从情而来，竟将情先于识知是非，谬矣。

（十）我意绪之中，有若干为本然之实，亦称首先之实[2]，亦称纯一之意绪。此等意绪，是人人所有，人人所须有，且非外事可移易。即如我为活人；我为原人；事之经过，必先有时候；质物之居位，必先有空处。又如数目、因感等类。又如艳丽、是非、真假。凡算学，辨实学，是非学内所有公语[3]，亦属此类。

（十一）人之为人，生而即有是非意绪。惟幼时知识未开，是非意绪，隐而不露；迨知识日启，自然发显。至发显之迟早，却凭人之处境，亦凭人得见是非之机会。但发显自然而然，非靠习受，一如人之属身欲[4]。我先有是非之意绪，始能称某事为是，某事为非。至某事之或是

[1]作者为功、不作为罪，即做的话有功，不做的话有罪。

[2]本然之实、首先之实（first truth），即最基本的真理，这里指人类天生的、原初的观念。

[3]公语（maxim），即公理、普遍真理。

[4]人之属身欲，属于人身的本能、欲望。

或非，却不从我有是非之意绪而然。亦非因我称之为是而是，称之为非而非，乃其事之自有是非[1]。要之，是非意绪，系人所本有，而事之是非，亦事所自有。此为正说。

第二段　识知是非

是非意绪，是人本有，非从外受。第一段已论及。今所论者，是心灵分别是非之际，有何作为。讲求此作为，诚非易易，然而亦是紧要。

（二）凡人皆有分别是非之才，我每查验自己行作，必称某行作为是，某行作为非。是者我嘉之，非者我责之。并且，作是我自觉得意，作非我自觉惭怍。若我查验他人行作亦若是。若他人查验本人行作或我行作，亦犹是。或一婴孩或一无教化之人，每见一大相悖理之事，或大失公义之事，必定勃然震怒，无异于有智慧者。况是非之分别，非一国一时有之，乃万国古今有之。观天下言语书籍，及风俗规矩，即得其据。由此以观，凡人之为人，莫不有识知是非之才，即中国所谓良知，西国称为康兴思[2]。

（三）我先应讲求者，是良知为何，及良知有何权

[1]这里是说，虽然我们先天的是非观念在后天才会逐渐觉醒，但是事物本身就有是与非，并且独立于我们的是非感而客观存在。

[2]康兴思，即“conscience”的音译。这是继“希卜梯西”（即假设）后，颜永京用的第二个以音译为主的术语。在原文中，海文当然没有提及中国，而是引用了希腊文和拉丁文的对应词，并认为表达此概念的词存在于所有语言中。

柄[1]。古来论及此者不一，有谓良知是根于智，有谓根于情。再者，有谓良知分别是非，必定准而可靠；良知所嘉、所责者，必定可嘉、可责之事。有谓非若是。诚将良知之用，逐步检点，庶知良知之何为。我每查验他人一行作，我心灵必定发出若许念头，必定受若许感动。其先发之念头，即依我所看此行作系是或非。至是非之意绪，是我本有。我见此行作符合我是之意绪，我即认之为是；或符合我非之意绪，我即认之为非[2]。此是良知用之第一步。

（四）我既认定彼行作或是或非，我即拟定彼行作或应为，或不应为[3]。斯二者互相联络，有先必有后。此是良知用之第二步[4]。

（五）既而我认此行作应受嘉、应受赏、应受罚，继则我喜悦其行作，及行作之人，或不悦其行作，及行作之人。宛若一有司讯[5]案前之人，查得是，则嘉其是而赏其人、喜其人；查得非，则责其非而罚其人、怒其人。此是良知用之第三步。凡良知之用，必有此三步，庶几工夫全。

（六）若我考验自己行作，亦必有此三步。再者，若考验将行之作为，与考验已行之作为，亦有此三步。此三步工夫皆是思索之用，然亦有情在。盖我认其人行作为

[1]权柄（authority），指良知所统领、管辖的范围。

[2]海文在原文中将这一步骤称为“判断”（judgement），颜译为“裁断”。

[3]此处“应为”“不应为”对应的仍然是情态动词“ought”“ought not”。

[4]海文将这一步称为“责任”“义务”（obligation）。

[5]原文为“訙”，谓多言，放在这里句意不通。因此这里“訙”字可能应作“讯”，可能是形近而讹。

是，我即喜。我拟定其行作为人所当为，我即心动，而心动即激我以行。我认此行作或应受赏，或应受罚，我即动尊重其人，或轻亵其人之情。但我所发诸情，皆由思索而出。情之动，后于良知之用。二者各殊。要之，良知无非是智中之一，专以定事之是非为职。若谓良知是根于情，则谬甚。

（七）其谓良知是根于情，非根于智，则未尝深悉良知之用。予以彼之意见，是将是非之根基拔去。盖我之情时有变迁，但事之是非，却不能随我之情而变。是非者固事所自有[1]，非借我何情发动而有。我良知不过认出事之所自有。一如物有其艳丽，而识知艳丽才，不过识知物所自有之艳丽。识知物之艳丽，必有欢发动。识知事之是非，亦必有欢发动。讲求此二才之用，不得不兼讲情之发。惟总不可视二才为根于情。

（八）总结上文，则知良知之用有四端：一、识知某事为是，某事为非；二、识知是者为所当为，非者为所当避；三、识知作是者应受赏，作非者应受罚，由此而嘉其人，责其人；四、我既识事之是非，我必或喜，或怒，或爱，或恶。其发动之深浅，悉凭识知之的与不的，与良知启迪之透与不透。

（九）良知分别是非，识是者为当为，非者为当避。苟能常常丝毫不爽，则所拟定作事之人，应受嘉应受责，自然不谬。如分别间或失错，则必定有嘉所应责，责所嘉应者。假有云：良知每次裁断事之是非，分别当为不当为，我如何而知其断之无失，良知未必无颠倒是非之疵？

[1]自有（objective realities），即客观现实。

予以人之为人，本有诸多才能，为其所用。若谓才能是可靠，自然近理。若谓造物主畀[1]我此等才能，而反谓才能不可靠，则不近理。其谓才能不可靠者，当呈证据以质其所谓。至我谓才能终可靠，则无须呈证据以质我所谓。但彼等终无证据以呈。因若欲证明才能不可靠，彼等必须用其才能以证明。既言才能不可靠，其用以质证之时，焉能可靠？由此以观，诸才能之终可靠者，自不待言。良知亦然。盖良知亦造物主所畀，若谓良知颠倒是非，则无异谓造物主之有舛错于始。况彼谓良知有讹，终无从检出其讹，校正其讹。何则？盖欲检出或校正其讹，还须用我自有之才能。如良知不可靠，其余才乌可靠乎？

（十）虽良知分别是非，大概的准，然失中时或有之。观辨实、记等才，皆有差误。良知亦然。有谓良知既有失中，则于我有何济？予答曰：辨实、记等才，亦有差讹，岂彼于我无裨益乎？若必欲永无差缪，始于我有益，则天下事于我有益者鲜矣。即如一表，系名工所作。平日记时刻固准，而偶然有一二点错，我岂可因其偶而言其毫无用处？

（十一）至良知偶然有错，我屡见之。我每见凭良知作事之人，其良知误指是非。彼所云是非，适与众人相反。乃执认[2]并不误指，并不相反。若此之人，最难劝正。因彼终以凭良知为是，故耳。如此者竟似一人云：有一表在此，系出众之名工所作，今其指针点某时刻，我谓一定是某时刻，此言必不差。讵知其人果差，而惜乎不自

[1]畀，即给予、赐予。

[2]执认（fully and firmly persuaded），即固执地认为。

知！总之，良知无非智之一用，用于事之是非。我识知是非，裁断是非，间有不准，一如智之用于物艳丽与否、事之真假等类，间有不准。

（十二）有云：分别是非，颇有相异者，足征良知非人所本有。盖天然之才，或事或物，皆常而不异。即如目与耳在异地、异时，见闻一旧事物，其目与耳终无异致。有某颜色，古今人皆喜视。有某声音亦然。为裁断事之是非则歧。一人所嘉者，他人责之。一代所斥为罪恶，后代赞之为功绩。甚至一国或一代之教，称为善果烈德而勉人行者，他国或后代判为悖逆天理。若良知是人所本有，则何以其用有若此相判等语。

（十三）予答曰：前论是非意绪由来，予已云。凡是非意绪，我诚本有。初时细微，渐渐启发。启发之迟早、巨细，惟凭人之肄业、教训、国法、风俗、规矩、习惯等事。若此者能助其启迪，亦能阻遏，更能使其启迪趋向渐偏[1]。宛如一树，我若用逆性之法培之，竟可阻遏其长，盘曲枝干，又能使之茁出奇之枝[2]。然此非树之本性。是非之意绪亦如此。置人于顺遂之地，终能发出是非之心思。但将是非之意绪，归合某事，则容或有错，致是非之意绪，误归合于恶；是非之意绪，误归合于善。其归合工夫，是为思索[3]。思索用于是非，不免有错。一如用于他事亦有错。凡人分别是非不同者，盖其思索工夫不准，其所居之地、所有之经历不同。

[1]趋向渐偏（misdirect），直译为“误导”。

[2]出奇（abnormal and monstrous），指不正常和怪异的。在原文中作贬义。

[3]思索，原文是“判断”（judgement），即颜永京前文所译的“裁断”。

（十四）识是非之才及用，于他项心灵才无异。至他项心灵才启迪及用，皆半为人境遇所主。既人境遇有殊，其心灵才及用，亦必有殊。如达知之知物，人各有异。即记与辨实，亦大有分别。良知之在人，或模糊，或精明，与辨实等才无异。辨实等才为人本有，其良知岂非亦然？

（十五）虽泛观之，良知之用有殊，实则其殊无几。是非之大端，凡古今及各国人，意见皆同。至隐曲之处[1]，间或有异。凡是非之有分别而不可混乱，是者为应作，非者应避，此系人人意见相同。但称何事为是，称何事为非，则大不同。而不同之故，则在人之境与习。再者有人明知事之非而竟为之，旁观以为其人不知分别是非，遂谓良知之用有讹。其实彼良知无讹，特逆良知以行事耳。

（十六）有谓：既良知分别是非，间或有失中，我当凭以行事否？良知即思索之一用，而思索每有不当，故良知亦不免定是者为非，非者为是，而人必当遵其所定以行乎？又有谓：尝见凭良知之人，作大恶而竟视为功德。假如扫罗[2]以逼害耶稣教徒，为事天[3]之功绩。似扫罗凭良知以作恶者，天下不乏其人。且若辈较他人愈加猖狂，因彼视所作者固凭良知故耳。彼言如此。予答曰：凡人行事，不可不以良知为主，盖不凭良知则无可凭。不凭良知之裁断以行事，则无异于人所着实信以为是者，人不当为。若

[1]隐曲之处（details），直译为“细节”。

[2]扫罗（Saul of Tarsus），即《圣经》人物扫罗，即使徒保罗的原名。据《圣经》记载，在追随耶稣之前，犹太教出身的保罗认为信奉耶稣违背犹太教，并极力迫害耶稣的追随者。

[3]事天，服务于天。

云不必凭良知行事，则是非之道，又增一奇异之则[1]。我故谓良知当凭。所要者，维在良知之精明耳。至良知分别是非，若能常以道心扶佐，更能以《圣经》参赞，则自可精明而正。若分别是非之际，草率，偏私，暴怒，或存惯习之执见，或牵于风俗，则必蒙昧不正。凡人当以练习良知精明为责任，若因循不练是为过。至上所云扫罗其过非在凭良知以行事，乃在良知之不先练习。

（十七）然前论良知为何，予曾拟良知为思索而非情。但用之际，情每随之以动。凡不论何项才，及何样肢体，其用之际，皆有情相随，惟深浅不同。且某才之用，大概有某情相随，而无别情。假如幻像之用，必有喜或苦随之以发，而其发间或甚深。识知艳丽才之用亦然，至良知之用更若此。前论良知用之逐步，予曾云：每检点我已过之行作，视其或是或非，而谓其或应嘉或应责，我必有喜怒随之以发。其发之深浅，悉凭我先识知该行作应受嘉赏、应受责罚之明与不明。予以情之发动，固与良知之用，影形相随，以故心灵学不可不联以讲求。但情是归“心动”卷内，而非在“智”卷内，兹姑不论。

[1]奇异之则（strange rule in morals），直译为“奇怪的道德法则”，指这一论断奇怪而不近人情。